QUE SAIS-JE ?

La couleur

MAURICE DÉRIBÉRÉ
Ingénieur EBP
Président du Centre d'Information de la Couleur
Ex-Chef du Centre d'Éclairagisme de la Compagnie des Lampes Mazda
Vice-Président de l'Union Internationale de la Presse Scientifique
Ancien président de la Société Française de Photobiologie

Onzième édition

62e mille

PRINCIPAUX OUVRAGES DU MÊME AUTEUR RELATIFS AU SUJET

Ingénieurs et techniciens des industries chimiques, Presses Universitaires de France, 1961.
L'éclairage, « Que sais-je ? », n° 346, Presses Universitaires de France, 1964.
La couleur dans les activités humaines, Dunod, 3e éd., 1968.
La couleur dans la publicité et la vente, Dunod, 1969.
La photographie en couleur, P. Montel, 1948.
La coloration des papiers, La Papeterie, éd. 1937.
Encyclopédie Prisma de la couleur (sous la direction de), 1958.
La couleur et les plastiques (avec J. Delorme), Amphora, 1960.
Les applications pratiques de la luminescence, Dunod, 3e éd., 1955.
Les applications pratiques des rayons ultraviolets, Dunod, 1947.
Les applications pratiques des rayons infrarouges, Dunod, 3e éd., 1953.
De l'ultraviolet à l'infrarouge, Éd. Textile et Technique, 1951.
L'éclairage et l'installation électrique dans le bâtiment (avec M. Leblanc et J. Dourgnon), Eyrolles, éd. 1958, 2e éd., 1968.
L'éclairagisme : lumière et couleur (avec F. Le Lionnais, Mme Jonckhère, Y. Le Grand et J. Maisonneuve), Les Yeux ouverts, 1962.
Lampes à iode, lampes à iodures, Dunod, 1965.
Principes fondamentaux de la technique de l'éclairage, Dunod, 1965.
L'éclairage naturel et artificiel dans le bâtiment (avec Mme Chauvel), Eyrolles, 1967.
Préhistoire et histoire de la lumière (avec Paulette Déribéré), France-Empire, 1979.
Le caméléon, un caprice de la nature, Puteaux, EREC, 1980.
Les couleurs visibles et non visibles (participation à cet ouvrage collectif publié sous la direction de Y. Duplessis), Monaco, Rocher, 1984.
La couleur à l'île de Pâques (avec Paulette Déribéré), dans l'ouvrage collectif *Les Mystères résolus de l'île de Pâques,* STEF Évry, 1993.
La vie (Correspondances et harmonie), CIC, tirage limité, 1995.

ISBN 978-2-13-056655-7

Dépôt légal — 1re édition : 1964
11e édition : 2008, février

6, avenue Reille, 75014 Paris

Chapitre I

COULEUR ET SENSATION

I. — Définitions

L'être humain, comme tous les êtres vivants, se meut et se manifeste dans un monde qui baigne dans les vibrations de l'éther. Celles-ci provoquent de manières diverses, par émissions, absorptions et réflexions, un complexe de radiations dont la répartition et l'équilibre sont indispensables aux êtres vivants qui s'y sont normalement adaptés et dont les variations influencent profondément ces êtres. C'est en particulier le fait du sens de notre vision. Ce sens dirige la majeure partie de nos actes. Il est dans la dépendance de la lumière et de la couleur qui est son accompagnement.

Ayant ici à nous préoccuper de la couleur, il est essentiel de bien définir cette notion pour éviter tout malentendu. Cette définition, de surcroît, nous conduira d'emblée vers la connaissance du sujet traité de manière toute naturelle. Il est erroné, en effet, de penser ou de croire que la couleur est une matière, ou une fraction de lumière. *C'est une sensation.*

Si nous regardons des billes de billard et que nous disions que l'une est rouge et les autres blanches, cela veut dire que l'une absorbe toutes les lumières reçues, sauf celles de longueur d'onde élevées, et que les deux autres renvoient toutes les radiations visibles reçues de manière à peu près égale. Nos billes de billard sont des objets colorés (de teinte neutre pour les blanches). De même, du minium de plomb n'est pas une couleur orange, c'est une matière colorée orange.

Il en va de même pour la lumière. Lorsque nous réalisons l'expérience classique du prisme de Newton qui consiste à faire tomber sur un prisme un faisceau de lumière blanche (un rayon de soleil par exemple), nous voyons s'étaler sur un *écran blanc* qui reçoit le résultat de cette opération, les couleurs de l'arc-en-ciel. Autrement dit, la lumière blanche comportait divers éléments que l'on a ainsi analysés et qui vont du violet au rouge en passant par le bleu, le vert, le jaune et l'orangé. Ces éléments se répartissent entre l'ultraviolet, de courte longueur d'onde, et l'infrarouge de longueur d'onde élevée, et leur ensemble forme la gamme des radiations auxquelles nos yeux sont sensibles. Ceci nous conduit à une première définition, très simple, mais essentielle :

La lumière est l'ensemble des radiations électromagnétiques pour laquelle les yeux humains sont sensibles. Que cet ensemble corresponde à la lumière blanche émise par le soleil qui se comporte approximativement comme un corps chaud à 6 500° K est chose très naturelle car, depuis des générations, l'homme a dû s'adapter aux conditions de vie qui lui sont offertes sur terre, c'est-à-dire pour son sens visuel au rayonnement qui lui parvient du soleil et qui est filtré par l'atmosphère terrestre.

Ce rayonnement, décomposé par le prisme selon l'expérience de Newton, s'étale donc en une suite que le physicien découpe selon leur longueur d'onde et que l'on juge commode et agréable de désigner par des termes conventionnels selon l'échelle suivante :

	Limites selon Abney	*Limites selon Listing*	*Centre selon Rood*	*Selon Fleury*
Rouge	Fin spectre à 620	723 à 647	700	750 à 650
Orange-rouge			620,8	615
Orange	620 à 592	647 à 585	597,2	605
Jaune-orange			587,9	595
Jaune	592 à 578	585 à 575	580,8	580
Vert	578 à 513		527,1	520
Bleu-vert	513 à 500		508,2	490
Bleu cyané			496	
Bleu	500 à 464	492 à 455	473,2	470
Outremer	464 à 446	455 à 424	438,3	
Violet	446 à fin du spectre	424 à 397	405,9	400 à 380

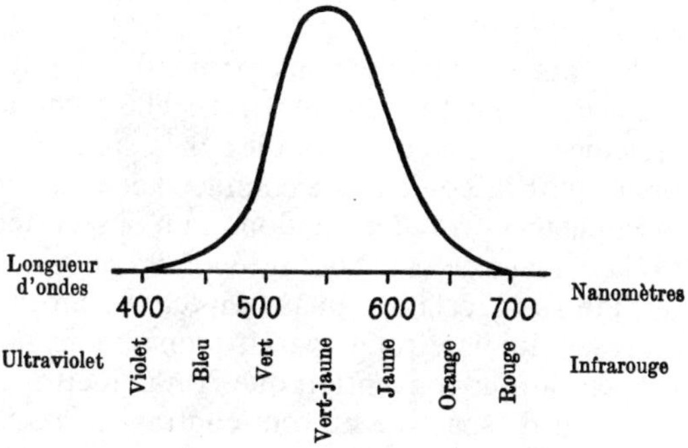

Fig. 1. — Courbe de sensibilité de l'œil humain moyen.

Rappelons que le terme indigo est ici impropre et ne correspond pas à une couleur du spectre.

Pourtant les termes colorés ainsi désignés correspondent à des lumières colorées et non à la couleur proprement dite qui nous reste encore à définir.

Nos yeux ne voient pas une lumière colorée. Si nous effectuons l'expérience du prisme de Newton dans une chambre noire, le faisceau décomposé tombant sur une surface parfaitement noire, nous ne voyons rien. En fait cela serait, en toute rigueur, assez difficile à réaliser. Nous ne savons pas obtenir une surface parfaitement noire et il existera toujours quelques grains de poussière en suspension dans l'air qui nous laissera percevoir quelque peu les rayons de la même manière que nous percevons le parcours d'une raie de soleil dans une chambre close. Le fait physique n'en demeure pas moins. Pour voir le spectre d'arc-en-ciel, il nous faut le recevoir sur une surface blanche, c'est-à-dire sur une surface renvoyant également vers nos yeux toutes les radiations reçues.

Cette observation nous permet maintenant de définir plus clairement la couleur qui est *la sensation reçue par l'intermédiaire de notre œil de la vision d'un élément coloré.*

Un autre exemple nous permettra de saisir cette nuance qui est fondamentale, car elle guidera très directement tout ce qui sera dit par la suite. Prenons un objet dont la couleur est connue sans équivoque, par exemple un citron. Demandons à un observateur quelle est la couleur de ce citron. Il répondra jaune, sans hésiter. Pourtant, cela n'a aucun sens car ce citron présenté dans une lumière rouge paraîtra une boule blanche ou rouge selon la convention que l'on admettra de vision réelle ou d'aspect lié au seul contraste. Présenté dans une lumière bleue ou verte notre citron apparaîtra comme une balle brune. La réponse était donc tout à fait incomplète. Il faut dire : le citron est jaune dans une lumière blanche et pour un œil normal.

Ainsi la couleur, sensation physiologique, est impérativement liée à trois dimensions : – la nature de l'objet ; – la lumière qui l'éclaire et qui permet à l'œil d'en recevoir le message ; – l'œil qui perçoit ce message et le communique au cerveau. Cette triple dépendance de la couleur est impérative et devra être présente à l'esprit chaque fois que celui-ci aura à raisonner ou examiner un problème de couleur.

II. — Vocabulaire et terminologie

Il n'est guère de domaine peut-être où le vocabulaire populaire ou le vocabulaire de métier ait eu à subir autant de débordante fantaisie que celui de la couleur.

Jadis l'on ne savait désigner les couleurs et les nuances qu'au moyen de termes, soit de comparaison, soit d'imagination. Rien de très grave lorsque l'on désignait un bleu un peu fané du terme de pervenche parce que cette couleur est voisine de celle de la fleur correspondante. Mais cela fut souvent forme de pléonasmes, car bien des espèces végétales avaient été elles-mêmes désignées de par la couleur très significative de leur floraison : rose, lilas, mauve, violette... ou de leur fruit : orange ; ces noms constituent à la fois le nom d'une espèce et celui de sa coloration la plus usuelle ; en certains cas, il est malaisé de savoir si c'est la plante qui a donné son nom à la teinte ou si c'est l'inverse. De même, bien des noms d'espèces végétales rappellent la couleur des feuilles ou des fleurs, par exemple :

Aurantiacus — orangé.
Aureus — jaune d'or.
Azureus — bleu ciel.
Badius — brun roussâtre.
Cerinus — jaune clair.
Chloranthus — jaune verdâtre.
Chrysanthus — à fleurs jaune d'or.
Chrysophyllus — à feuilles jaune d'or.
Coelestinus — bleu de ciel.
Coerulescens — bleu pâle.
Coeruleus — bleu azur.
Corallinus — rouge corail.
Crocatus — couleur safran.
Croceus — jaune safran.
Cyaneus — bleu foncé.
Hyacinthinus — bleu jacinthe.
Incarnatus — rouge clair.
Sempervirens — toujours vert.
Vireus — vert.
Virescens — devenant vert.
Viridifolius — à feuilles vertes.
Viridulus — vert clair.
Xanthinus — jaune.
etc.

Rien de très grave non plus dans l'association avec des objets naturels : minéraux, pierres précieuses (tels qu'émeraude pour un beau vert profond, lapis-lazuli pour un bleu). Mais que dire de certaines appellations fantaisistes ou fausses comme : « Ventre de biche »,

« Gorge de pigeon » (qui saura jamais en reproduire les fines irisations), « Constipé », « Faveur », « Face grattée », « Singe mourant », « Veuve réjouie », etc.

C'est déjà une erreur que celle qui avait introduit le terme indigo dans le spectre. Cela sans doute faisant un alexandrin qui sonnait bien à l'oreille, mais l'indigo est un bleu-gris qui n'a rien à voir dans le spectre. Son introduction conduisit certains auteurs à adopter comme base le fait de 7 couleurs dans le spectre, ce qui n'est que convention. D'autres en abusèrent en associant ce nombre à des analogies pour le moins osées avec les 7 notes de la gamme musicale ou avec des nombres magiques.

Un terme analogique pourra être précieux pour le praticien ayant à évaluer ou à faire connaître un coloris selon une désignation faisant image. Mais les abus sont à éviter avec soin. Dans leur logique un peu rigoriste, les physiciens et les normalisateurs ont été conduits à étudier, adopter et chercher à faire adopter par les usagers des divers milieux un vocabulaire commun et cohérent.

1. **Normalisation du langage.** — Sans doute la spécification exacte d'une couleur se fait selon un système numérique. Nous l'examinerons au chapitre qui traitera de la métrique des couleurs. Mais le langage courant nécessitait lui aussi un peu d'ordre. Dans le même esprit, et en suivant l'ordre logique de la norme française concernant la terminologie de base des couleurs, nous aurons à considérer :

A) La lumière dont on détermine les diverses valeurs par la longueur d'onde qui en permettra la numération au long du spectre.

On est souvent conduit à partager le spectre en bandes spectrales qui peuvent être choisies, conventionnellement, plus ou moins larges selon la précision que l'on désire. Des bandes spectrales peuvent être alors désignées selon leur couleur dominante (violet, bleu, vert, jaune...) ou d'après leurs longueurs d'onde moyenne et extrêmes. Quand une bande spectrale est très étroite, elle est dite monochromatique. En toute rigueur une lumière est monochromatique si elle est formée d'une seule raie. Pratiquement le doublet jaune orangé de la lumière émise par décharge dans la valeur de sodium est dit monochromatique ; il en va de même d'une bande très réduite dans un monochromateur. *Les couleurs pures sont celles qui correspondent à des lumières monochromatiques.*

B) Les corps colorés : un corps est dit parfaitement *blanc* lorsqu'il diffuse également dans toutes les directions et sans absorption toutes les radiations visibles qu'il reçoit. Un corps est parfaitement *noir* lorsqu'il absorbe intégralement toutes les radiations qu'il reçoit. Les corps parfaitement *gris ou neutres* sont ceux qui diffusent ou qui transmettent également et partiellement, les diverses radiations visibles qu'ils reçoivent. Mais certains corps, sans satisfaire exactement à la définition ci-dessus, peuvent (sous un éclairage déterminé) donner à l'œil une impression de gris apparent.

Tout corps qui n'est pas blanc, gris ou noir est dit coloré. S'il n'est que faiblement coloré, il peut être dit blanc (gris ou noir), rougeâtre, jaunâtre, etc. Le nom « couleur » est souvent pris dans un sens moins restrictif que l'adjectif « coloré » ; le blanc, les gris, le noir sont alors considérés comme des « couleurs ».

2. **Caractéristiques d'une couleur.** — La couleur d'une « source » de lumière[1] ou celle d'un « objet »[2] peut être décrite par trois caractéristiques :

a) La première est une caractéristique d'intensité : mesurée photométriquement, c'est la luminance ou le facteur de luminance (ou de transmission ou de réflexion). Elle se traduit dans le langage courant : pour une source, par les adjectifs intense ou faible et par le substantif luminosité ; pour un objet, par les adjectifs clair ou foncé et par le substantif clarté. Les termes « clair » ou « foncé » s'appliquent également aux gris.

Les termes correspondant à « luminosité » et « clarté », utilisés par les psychophysiologistes pour caractériser la réponse sensorielle du sujet sont respectivement

1. Un objet non lumineux par lui-même peut être éventuellement considéré comme source.

2. Considéré en relation avec son entourage et ses conditions d'éclairement.

« phanie » et « leucie ». L'emploi de l'adjectif « intense » au sens donné plus loin à l'adjectif « profond » (saturé et foncé) est à rejeter comme prêtant à confusion ;

b) La seconde caractéristique d'une couleur (non neutre) indique celle des couleurs pures dont la couleur considérée se rapproche le plus. Elle est déterminée colorimétriquement comme la longueur d'onde dominante λ de la couleur considérée (dans le cas d'un pourpre, on peut indiquer la longueur d'onde complémentaire).

Cette caractéristique se traduit dans le langage courant par des adjectifs tels que : violet, bleu, vert, jaune, orange, rouge, pourpre (ou par une combinaison telle que : bleu-vert, rouge-pourpre, etc.), et par le substantif teinte. Le terme correspondant à « teinte », utilisé par les psychophysiologistes pour caractériser la réponse sensorielle du sujet est tonalité (chromatique).

c) La troisième caractéristique indique comment la couleur considérée se rapproche plus ou moins de la couleur pure correspondante. Appréciée photométriquement, cette caractéristique s'appelle facteur de pureté. Dans le langage courant, cette caractéristique se traduit par le mot pureté et par les adjectifs pur (ou saturé) et lavé de blanc (ou plus brièvement lavé). Le terme correspondant à « pureté », utilisé par les psychophysiologistes pour caractériser la réponse sensorielle du sujet est saturation ;

d) L'ensemble de la longueur d'onde dominante et du facteur de pureté est la chromaticité de la lumière ou du corps considéré. Le terme utilisé par les psychophysiologistes pour signifier l'ensemble d'une tonalité et d'une saturation est chromie ;

e) Les ordres de grandeur du facteur de luminance et du facteur de pureté d'un corps peuvent être exprimés comme suit à l'aide d'un seul adjectif : – si la couleur d'un corps est à la fois claire et saturée, elle est dite vive ; – si la couleur d'un corps est à la fois claire et lavée, elle est dite pâle (voisine du blanc) ; – si la couleur d'un corps est à la fois foncée et saturée, elle est dire profonde ; – si la couleur d'un corps est à la fois foncée et lavée, elle est dire rabattue (voisine du noir).

f) Le tableau ci-dessous schématise ce chapitre :

	Termes photométriques et colorimétriques (1)	Termes d'usage courant			Termes utilisés par les psychophysiologistes	
(Source)	Luminance	intense faible		Luminosité	Phanie	
(Objet)	Facteur de luminance	clair foncé		Clarté	Leucie	
	Longueur d'onde dominante ou complémentaire	vert, jaune, bleu, orange, violet, rouge, pourpre	vif pâle profond rabattu	Teinte	Tonalité	(Chromie)
	Facteur de pureté	pur (saturé) lavé de blanc (lavé)		Pureté	Saturation	

Chapitre II

LA CONNAISSANCE DE LA COULEUR AU COURS DES AGES

I. — L'Antiquité

Ce n'est qu'après les travaux de Newton, et la réalisation de son expérience du prisme et de ses variantes, que la couleur a pu être étudiée comme une entité physique et selon le concept que nous en avons aujourd'hui. Pourtant, de tous temps, l'homme a vécu dans un décor coloré et en a subi les influences marquantes. Il ne pouvait donc s'en désintéresser et, de fait, il a toujours cherché à en pénétrer les secrets et la connaissance en même temps que les moyens de l'utiliser.

Aux plus lointaines époques de la préhistoire les hommes associèrent les pigments rouges à des rites funéraires. Dès qu'ils commencèrent à établir les bases d'un art, alors même que celui-ci était uniquement utilitaire et ne s'étendait pas à un souci exclusif d'esthétique, cet art fit appel à la couleur. Les figures d'animaux qui ornent les parois des grottes d'Altamira, de Font-de-Gaume, de Lascaux..., font déjà appel à une palette où le jaune et le rouge des ocres, le bistre et le noir des oxydes de manganèse, assurent aux hommes du paléolithique le pouvoir de composer un symbolisme où la couleur ajoute à l'image et peut-être même se fond avec elle.

Ces images, en effet, sont avant tout des figures

d'envoûtement. Les peintures rupestres représentent plus des tableaux de chasse que des animaux déifiés et c'est ce qui fait que le renne, le bison y dominent et que l'art quaternaire, de longtemps, sera essentiellement animalier. Pourtant le souci de la couleur semble parfois déborder et dépasser celui, toujours très vif, du réalisme. A Lascaux, par exemple, les « blasons » polychromes apparaissent déjà comme des signes tribaux. Au caractère utilitaire et magique, se joint alors une utilisation, déjà, de la couleur comme signature distinctive d'une famille ou d'un individu.

Il est certes difficile et délicat d'interpréter les découvertes relatives à des époques aussi lointaines, mais l'analogie entre les hommes d'alors et ceux de certaines tribus sauvages actuelles permet d'établir d'intéressantes liaisons. Aujourd'hui encore, certains indigènes australiens ornent leurs grottes et leurs rochers comme leurs propres corps, de dessins rouges et blancs à signification rituelle. Ce ne sont pas des « artistes » au sens propre de ce mot, mais des « sorciers » qui pratiquent cette ornementation et ils le font au cours de cérémonies soigneusement orchestrées, accompagnées de chants et de danses rituels.

Les mentions de bien des voyageurs ou des explorateurs qui assurent que les sauvages sont très avides de couleurs brillantes n'ont pas toujours été interprétées comme il convenait. Lorsque les Soudanais se colorent le visage d'ocre rouge ou que les Indiens se teignent la peau de colorants rouges, il s'agit de rites bien déterminés et non de fantaisies justiciables de ce que nous appelons la « mode ». Le tatouage est une tout autre chose.

Ce n'est que plus tard que les figurations rituelles, annexées à des buts religieux ou magiques, totémiques ou utilitaires, firent place à l'art véritable. L'art de la couleur avait alors pris sa place naturelle et se joignait tout naturellement à celui des formes.

Les Égyptiens, les Chaldéens, les Assyriens, surent en jouer très largement avec leurs émaux bleus, verts, leurs peintures... Les Phéniciens connaissaient la teinture. La pourpre de Tyr était certes une matière noble et réservée aux dignitaires, mais son usage marquait déjà une évolution débutée dans les plus lointaines traditions hébraïques et les Chaldéens connaissaient les teintures végétales et celle de la cochenille de l'Hindoustan.

Faisant ainsi un large usage des couleurs, il était bien naturel que l'homme, esprit critique et curieux, cherche à connaître les causes et les raisons de cet aspect des choses. En fait, la couleur figura parmi les phénomènes naturels qui préoccupèrent vivement les savants, les artistes et les poètes de tous les temps.

Les Anciens admirent tout d'abord, le plus généralement, que les phénomènes de coloration résultaient d'un affaiblissement de la lumière blanche. Aristote supposait ainsi que toute couleur était un mélange de blanc et de noir, l'obscur provenant de la réflexion de la lumière par les corps puisque toute réflexion atténue la lumière. Cette hypothèse demeurera vivace, même après Newton, puisque nous verrons Goethe s'y attacher à son tour avec le bénéfice des connaissances survenues entre-temps.

Ces idées des Anciens sur la couleur ne manquent pas de piquant et leur citation intégrale mériterait place ici ; donnons-en au moins ces courts extraits :

Extrait d'Aristote : De sensu et de sensiti[1].

« De même que dans l'air, il y a tantôt lumière, tantôt obscurité, de même dans les corps se trouvent le blanc et le noir. Quant aux autres couleurs, nous allons passer en revue les modes suivant lesquels elles se forment. D'abord, il peut se faire que le blanc et le noir soient juxtaposés parallèlement, de sorte que chacun d'eux en particulier devienne invisible à cause de sa faible étendue, et que l'on ne voie plus que le résultat de cette juxtapo-

1. D'après Geoffroy.

sition : ce ne sera donc ni le blanc, ni le noir ; or, puisqu'il est nécessaire que ce soit une couleur et que ce ne soit aucune des deux précédentes, ce sera une couleur mélangée et présentant un aspect d'un nouveau genre. On peut ainsi comprendre qu'il y ait d'autres couleurs que le blanc et le noir et qu'il y en ait beaucoup. En effet, leurs rapports proportionnels de juxtaposition peuvent être entre eux comme les fractions 3/2, 3/4 et ainsi de suite. Les rapports qui ne peuvent être exprimés numériquement, soit par excès, soit par défaut, sont incommensurables ; et c'est aussi là ce qui arrive pour les sons. Les couleurs engendrées par les rapports proportionnels les plus parfaits, comme cela arrive aussi pour les sons, paraissent être les plus agréables ; tels sont le violet, le rouge et quelques autres couleurs, peu nombreuses d'ailleurs, pour la même raison qui fait que les accords des sons se trouvent aussi en petit nombre.

« Les autres couleurs n'offrent pas de rapport numérique, ou plutôt toutes les couleurs peuvent être exprimées par des rapports numériques, mais pour les uns ils sont réguliers, pour les autres ils ne le sont pas...

« Voilà un premier mode d'origine pour les couleurs ; il en existe un second, qui se produit lorsqu'elles apparaissent les unes à travers les autres ; c'est celui que les peintres utilisent quand ils placent une couleur sur une autre plus brillante ; ainsi font-ils quand ils veulent représenter un objet dans l'air ou dans l'eau. C'est encore ce qui arrive quand le soleil, qui par lui-même paraît blanc, devient rouge lorsqu'il est vu à travers un nuage ou de la fumée. Ce second mode engendrera, comme le premier, un grand nombre de couleurs.

« Pour les couleurs placées les unes à côté des autres, l'étendue de chacune des couleurs juxtaposées est invisible, et le temps nécessaire à cette double perception est insensible ; les mouvements que produit chacune d'elles nous échappent, leur unité apparente provient de la simultanéité de leur apparition. Dans le second mode de génération, la couleur qui est à la surface recevant le mouvement de celle qui est placée au-dessous, le mouvement total est modifié, et c'est une nouvelle couleur qui apparaît. Enfin la multiplicité des couleurs reconnaît pour cause bien plutôt leur mélange que leur superposition ou juxtaposition.

« Comme les saveurs, les couleurs sont au nombre de sept si, comme il est logique, on admet que le brun est une nuance du noir. Le jaune devant être rapporté au blanc, entre le blanc et le noir, viennent se placer le rouge, le violet, le vert et le bleu. Les autres couleurs résultent du mélange des précédentes. »

Extrait de Platon : Le Timée[1].

Il nous reste à étudier un quatrième genre d'impressions sensibles, lequel comprend un grand nombre de variétés, que nous avons désignées sous le nom général de couleurs, sorte de flamme qui s'échappe des corps et dont les parties, en s'unissant symétriquement avec la vue (qui est elle-même une flamme) produisent la sensation. Les parties qui se détachent des autres corps et viennent frapper notre organe sont toutes, par rapport aux parties de la vue eux-mêmes, ou plus petites, ou plus grandes, ou égales. Les parties égales ne produisent pas de sensation et sont appelées diaphanes ; les parties plus grandes ou plus petites contractant ou dilatant l'organe produisent la sensation du blanc ou du noir ; ce qui dilate est le blanc, ce qui contracte est le noir.

« Donc, selon Platon, c'est le feu qui provoque l'*éclat,* le *brillant,* et il ajoute :

« Il y a une autre espèce de feu intermédiaire, qui pénètre dans l'humeur de l'œil et s'y mêle, mais sans briller ; cet éclat du feu à travers des parties humides présente la couleur du sang et est appelé ROUGE.

« Le brillant mêlé au rouge et au blanc produit le jaune...

« Rouge mêlé au blanc et au violet donne le violet.

« Une couleur sombre se produit lorsqu'aux couleurs précédentes, mêlées et brûlées, on ajoute une plus grande quantité de noir, etc. »

Extrait de De Coloribus, *attribué à Aristote, puis à Théophraste.*

Il n'appartient peut-être à aucun des deux, mais il développe les idées déjà exposées par Aristote, a été écrit par un péripatéticien et remonte à une époque qui ne peut être éloignée de celle d'Aristote.

« Les ténèbres ne sont pas une couleur particulière, mais seulement le résultat de la privation de lumière. Ainsi l'eau, l'air, les nuages, quand ils ont une certaine profondeur, paraissent noirs, parce qu'ils ne laissent passer que de rares rayons de lumière. La lumière est la couleur du feu ; cependant, les objets qui ne sont pas de la nature du feu, paraissent produire de la lumière. Peut-être donc que la couleur du feu est la lumière, mais que la lumière n'est pas la couleur du feu seule ; il peut se faire, en effet, que cette couleur n'appartienne pas au feu seul, et que cependant la lumière soit la couleur du feu. »

1. Trad. Geoffreoy.

Suivent ensuite de longues et curieuses dissertations sur les couleurs de la nature que nous retrouverons avec Pline :

Extraits de Pline : Hist. naturelle, XXI, 22 (trad. Littré).

« Le luxe a voulu rivaliser dans les étoffes avec les fleurs que recommande l'éclat de leur couleur. Je remarque qu'il y a trois couleurs principales : le rouge de coccus, qui brille de tout son éclat dans les roses, et dont on retrouve le reflet dans la pourpre de Tyr, dans la pourpre deux fois teinte et dans celle de Laconie ; la couleur d'améthyste, qui brille dans les violettes et qui se retrouve dans la couleur pourpre et celle que nous avons nommée IANTHINE ; enfin la couleur conchylienne proprement dite, de plusieurs sortes : l'une semblable à l'héliotrope et généralement plus foncée, l'autre ressemblant à la mauve et tirant sur le pourpre ; une troisième ressemblant à la violette, et c'est celle qui a le plus de vivacité. »

Ibid., XXXVII, 40.

« Faisons une autre catégorie des pierres purpurines et de celles dont la nuance dérive de la pourpre. Au premier rang sont les améthystes de l'Inde. Le nom qu'elles portent vient, dit-on de ce que l'éclat qu'elles jettent, arrivant jusqu'à la limite de la couleur du vin, passe au violet avant d'y atteindre, ou de ce qu'elles ont dans leur pourpre quelque chose qui n'est pas complètement flamboyant, mais qui va s'amortissant et tirant sur une nuance vineuse. Toutes les améthystes sont d'un violet transparent. »

II. — **Le Moyen Age**

Le Moyen Age parle peu de la couleur et se contente de reprendre les idées précédentes, mais nous voyons au XVIIe siècle, dans le temps ou l'« honnête homme » installe son cabinet d'histoire naturelle et se penche sur le mystère des choses, poindre un désir nouveau de connaissances.

L'ancêtre des Bulletins de Sociétés savantes apparut en France en 1634 : ce furent les célèbres *Centuries* de Théophraste Renaudot, qui, trois ans plus tôt, avait créé *La Gazette de France* et fait naître ainsi le journalisme. La presse technique, on le voit, n'avait pas tardé à suivre la presse d'information.

C'est au bureau d'adresses de Renaudot que se rassemblait alors notre première Société savante et, dès la première année, le problème de la couleur y était envisagé. Ce fut d'abord : des diverses façons de porter le deuil, et pourquoi on s'y sert plutôt du noir que d'aucune autre couleur. Quelques semaines plus tard, à la séance du lundi 31 juillet 1634 relatée aux *Centuries* ou Recueil général des questions traitées des conférences du bureau d'adresse sur toutes sortes de matières, par les plus beaux esprits de ce temps, le problème des couleurs sous le titre : « Si les couleurs sont réelles. »

Un premier participant estime qu' « il n'y a rien de si clair au sens que la couleur, rien de si obscur à l'entendement, qui doute même si elle a une existence réelle ou si elle nous apparaît seulement telle selon que les corps solides reçoivent la lumière... ». Cet estimable membre de la Société expose le mythe de l'arc-en-ciel et de la couleur du col des pigeons et se perd en conjectures plus philosophiques, on le conçoit, que techniques.

Un second membre expose que « l'objet de la vue font les couleurs : l'organe c'est l'œil, le moyen c'est le diaphane qui est un corps lumineux », si les deux sont bien accordés les couleurs vues le sont avec constance et il s'agit donc d'une chose réelle.

Mais des vues plus savoureuses encore sont apportées par un troisième participant à cette curieuse discussion.

Les couleurs, prétend-il, comme les autres qualités secondes sont véritablement réelles puisqu'elles viennent du mélange de l'humide avec le sec : causé par la chaleur et déterminé par le froid. La première chose qui arrive en ce meslange est que l'humidité s'épaissit par l'arrivée du sec et de cette épaisseur se fait une couleur verte, qui par ainsi est la première des couleurs, comme il se remarque en l'eau, laquelle en s'épaississant fait la mousse verte, et ez plantes quand elles commencent à sortir de terre. Que s'il y a plus de chaleur dans la mixtion de là vient le rouge, le pourpre, et les autres couleurs vives et luisantes qui selon qu'elles dégénèrent, parviennent enfin jusques au noir qui se fait par adustion. Mais si les mixtions se font par chemin contraire, vers le froid, de là viennent toutes les couleurs plus mortes qui aboutissent au mesme noir par une cause contraire ; sçavoir par l'entière extinction de chaleur comme il se voit aux vieillards et aux morts, qui ont une couleur plombée et noirâtre. Comme donc le verd est la première aussi le noir est la dernière des couleurs : voire n'est pas proprement couleur, particulièrement quand l'humidité est déjà toute consommée comme ez charbons, ou qu'elle est séparé de son sec, comme dans les choses noires de pourriture, telles que sont les parties de l'animal gangrénées. La blancheur n'est pas non plus couleur mais un moyen entre chaleur et lumière. Les autres sont des couleurs véritables.

Ces vues originales étant exposées, les interventions qui suivent paraissent ternes. Le quatrième fait appel aux couleurs des corbeaux, des roches... Le cinquième trouve que l'on ignore la raison de la mixtion des corps donnant les couleurs. Celles-ci sont cachées, on ne les voit pas la nuit, mais on y voit les yeux des chats, les potirons, vermisseaux, certaines cornes et bois pourris. « Ce n'est pas leur couleur véritable, précise-t-il toutefois, mais une certaine splendeur (le mot luminescence n'était pas connu) différente de la couleur : qui leur arrive ou des esprits ignées, ou pource qu'ils approchent de la simplicité. » Le sixième fait un rapprochement entre la couleur et la lumière que le septième cherche au contraire à bien séparer.

Si une telle séance n'apporte pas grand-chose à la science de la physique, elle n'en montre pas moins une vive préoccupation pour ces problèmes de la couleur qui ont de longue date été dans tout esprit curieux.

III. — **Newton et Voltaire**

Dans ses *Éléments de Philosophie de Newton,* Voltaire nous apprend que les Grecs et ensuite tous les peuples barbares « qui ont appris d'eux à raisonner et à se tromper » ont donné de la lumière et des couleurs les définitions ci-après :

« La lumière est un accident, et cet accident est l'acte du transparent en tant que transparent, les couleurs font ce qui meut les corps transparents. Les corps lumineux et colorés ont des qualités semblables à celles qu'ils excitent en nous par la grande raison que rien ne donne ce qu'il n'a pas. Enfin la lumière et les couleurs sont un mélange du chaud, du froid, du sec et de l'humide ; car l'humide, le sec, le froid et le chaud, étant les principes de tout, il faut bien que les couleurs en soient un composé. »

Et Voltaire d'apprécier : « C'est cet absurde galimatias que des maîtres d'ignorance, payés par le public, ont fait respecter à la crédulité humaine pendant tant d'années ; c'est ainsi qu'on a raisonné presque sur tout jusqu'aux temps des Galilée et des Descartes. »

Puis Descartes est venu « qui a découvert un grand voile » en disant :

« La lumière est une matière fine et déliée qui est répandue par tout et qui frappe nos yeux. Les couleurs sont les sensations que Dieu excite en nous, selon les divers mouvements qui portent cette matière à nos organes. »

Voltaire au reste ne se fait pas faute de discuter les principes de Descartes, auquel il reproche, après avoir posé comme premier fondement de sa philosophie « qu'il ne fallait rien croire sans évidence », se lance dans l'hypothèse et répand la matière lumière dans l'univers.

Pour Descartes la production des couleurs vient de ce que « les globules de ses élémens sont déterminés à tournoyer sur eux-mêmes outre leur tendance au mouvement en ligne droite, et que ce sont les différents tournoyemens qui font les différentes couleurs ».

Les partisans de l'expérimentation firent remarquer que si l'on range des boules les unes contre les autres et qu'on les suppose poussées en tous sens et tournant sur elles-mêmes, on ne saurait les faire avancer en lignes droites régulièrement. D'autre part, Voltaire relate une démonstration convaincante, à son avis, contre les idées de Descartes :

Comment verriez-vous sur une muraille, dit-il, ce point bleu et ce point verd ?

Les voilà marqués sur cette muraille, il faut qu'ils se croisent en l'air au point A avant d'arriver à vos yeux. Puisqu'ils se croisent, leur prétendu tournoyement doit changer au point d'intersection. Les tournoyements qui faisaient le bleu et le verd ne subsistent donc plus les mêmes : il n'y aurait donc plus alors de point

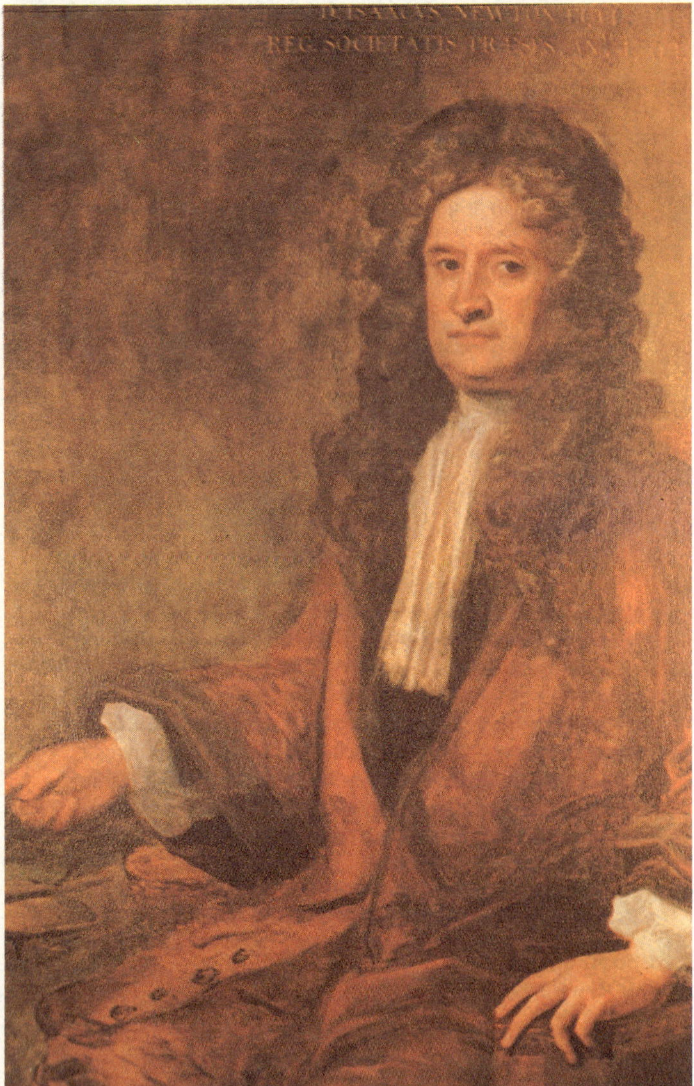

Photo 1. — Sir Isaac Newton (1642-1727) par Charles Jervas

verd, ni de point bleu. Un Jésuite flamand fit cette objection à Descartes. Celui-ci en sentit toute la force. Mais que croyez-vous qu'il répondit ? Que ces boules ne tournoyent pas à la vérité, mais qu'elles ont une tendance au tournoyement.

Et Voltaire ajoute avec ingénuité, mais avec une curieuse prescience :

Vous me direz, sans doute, que cette difficulté est égale dans tous les systèmes. Vous me direz que ces rayons qui partent de ce point bleu et de ce point verd, se croisent nécessairement, quelque opinion qu'on embrasse touchant les couleurs ; que cette intersection des rayons devrait toujours empêcher la vision, qu'en un mot il est toujours incompréhensible que des rayons qui se croisent arrivent à nos yeux dans leur ordre ; mais ce scrupule sera bien tot levé, si vous considérez que toute partie de matière a plus de pores incomparablement que de substance. Un rayon du soleil qui a plus de trente millions de lieues en longueur, n'a pas probablement un pied de matière solide mise bout à bout. Il serait donc très possible qu'un rayon passat à travers d'un autre en cette manière, sans rien déranger.

Adressez-vous maintenant à Newton. Il vous dira : ne m'en croyez pas ; n'en croyez pas que vos yeux et les mathématiques ; mettez-vous dans une chambre tout à fait obscure, ou le jour n'entre que par un trou extrêmement petit ; le rayon de la lumière viendra sur du papier vous donner la couleur de la blancheur.

Exposez transversalement à un rayon de lumière ce prisme de verre ; ensuite mettez à une distance d'environ seize ou dix-sept pieds, une feuille de papier P vis-à-vis ce prisme (fig. 2).

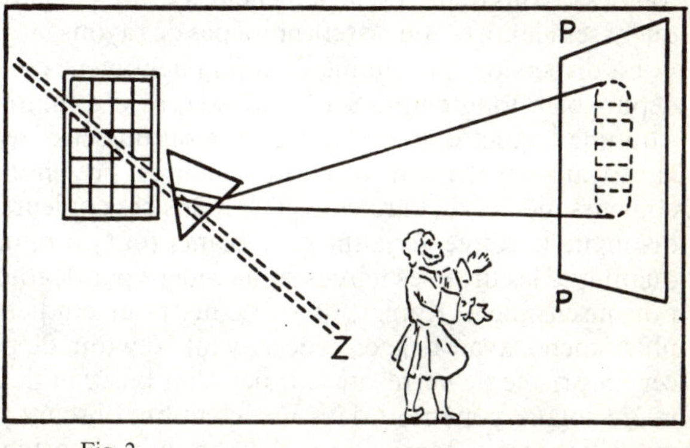

Fig. 2.

Vous savez déjà que la lumière se brise en entrant de l'air dans ce prisme ; vous savez qu'elle se brise, en sens contraire, en sortant de ce prisme dans l'air. Si elle ne se brisait pas ainsi elle irait de ce trou tomber sur le plancher de la chambre 2. Mais comme il faut que la lumière en s'échappant s'éloigne de la ligne 2 cette lumière ira donc frapper le papier. C'est-là que se voit tout le secret de la lumière et des couleurs. Ce rayon qui est tombé sur ce prisme n'est pas, comme on croyait, un simple rayon ; c'est un faisceau de sept principaux faisceaux de rayons, dont chacun porte en soi une couleur primitive, primordiale, qui lui est propre. Des mélanges de ces sept rayons naissent toutes les couleurs de la nature ; et les sept réunis ensemble, réfléchis ensemble de dessus un objet, forment la blancheur.

Approfondissez cet artifice admirable. Ces sept rayons de lumière échappés du corps de ce rayon, qui s'est anatomisé au sortir du prisme, viennent se placer, chacun dans leur ordre, sur ce papier blanc, chaque rayon occupant un ovale. Le rayon qui a le moins de force pour suivre son chemin, le moins de raideur, le moins de matière, s'écarte plus dans l'air de la perpendiculaire du prisme. Celui qui est le plus fort, le plus dense, le plus vigoureux, s'en écarte le moins.

Ainsi s'étalent le rouge, couleur de feu, l'orangé, le jaune, le bleu, l'indigo et le violet (fig. 3).

Si, au moyen d'un verre lenticulaire on rassemble toutes ces couleurs on retrouve, par synthèse, le blanc du rayon d'origine : « Il est donc démontré que la couleur de tous les rayons réunis est la blancheur. Le noir par conséquent sera le corps qui ne réfléchira pas de rayons. »

La dispersion de la lumière est un phénomène connu depuis bien longtemps. Sénèque, déjà, avait remarqué « qu'une baguette de verre, cannelée ou bosselée, recevant transversalement les rayons solaires, présente les couleurs mêmes de l'arc-en-ciel, et, dans ces couleurs, il distingue le rouge, le jaune et le blanc, tout en remarquant que les diverses teintes se succèdent par dégradation insensible ». Kepler, de son côté, pour étudier ce phénomène, avait déjà eu l'idée, avant Newton, de placer un prisme de verre sur le trajet d'un faisceau de lumière solaire pénétrant dans une chambre obscure par un orifice étroit. Mais c'est à Newton qu'il appartenait

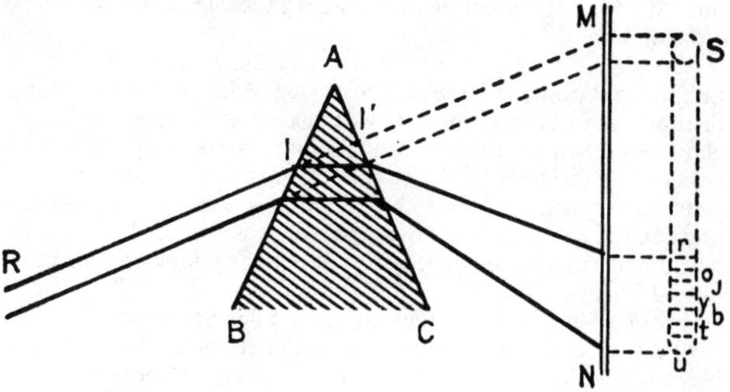

Fig. 3.

d'apporter l'explication de cette expérience et de la préciser en l'an 1666.

L'expérience de Newton sur la dispersion de la lumière est aujourd'hui bien connue. Elle consiste, on le sait, à faire tomber un faisceau de lumière solaire parallèle, issu de la fente du volet d'une chambre noire, sur la face AB d'un prisme. Plaçons un écran MN avant que le prisme ne soit posé, le faisceau fait sur cet écran une image circulaire blanche S. Dès que le prisme est mis en place et interposé dans le trajet du faisceau, celui-ci est dévié et décomposé et on obtient sur l'écran une image RU ayant la forme d'un rectangle allongé, coloré aux couleurs de l'arc-en-ciel et auquel Newton a donné le nom de spectre solaire.

Newton avait nettement défini l'individualité des lumières colorées en montrant qu'un objet porté dans les divers rayons en prenait la couleur. Son expérience eut une large retentissement. Cependant il eut aussi des détracteurs. C'est encore à Voltaire que nous emprunterons ces lignes :

Cette propriété de la lumière, cette inégalité dans les réfractions de ses rayons, est appelée par Newton, réfrangibilité. On s'est d'abord révolté contre le fait, et on l'a nié longtemps, parce que M. Mariote avait manqué en France les expériences de Newton.

On aime mieux dire que Newton s'était vanté d'avoir vu ce qu'il n'avait point vu, que de penser que Mariote ne s'y était pas bien pris pour voir, et qu'il n'avait pas été assez heureux dans le choix des prismes qu'il employa. Ensuite, même lorsque ces expériences ont été bien faites, et que la vérité s'est montrée à nos yeux, le préjugé a subsisté encore, au point, que dans plusieurs journaux et dans plusieurs livres faits depuis l'année 1730, on nie hardiment ces mêmes expériences, que cependant on fait dans toute l'Europe...

Enfin quand on a été obligé de céder à l'évidence, on a chicané sur l'expression... On s'est récrié, on a écrit contre des mots que Newton employe avec la précaution la plus sage pour prévenir des erreurs.

Il appelle ces rayons, rouges, jaunes... des rayons rubrifiques, jaunifiques, ... c'est-à-dire excitant la sensation de rouge, de jaune. Il vouloit par-là fermer la bouche à quiconque auroit l'ignorance ou la mauvaise foi, de lui imputer qu'il croioit comme Aristote, que les couleurs sont dans les choses mêmes, dans ces rayons jaunes et rouges, et non dans notre âme. Il avoit raison de craindre cette accusation. J'ai trouvé des hommes, d'ailleurs respectables, qui m'ont assuré que Newton étoit Péripatéticien, qu'il pensoit que les rayons sont colorés en effet eux-mêmes, comme on pensoit autrefois que le feu était chaud ; mais ces mêmes critiques m'ont assuré aussi que Newton étoit Athée...

Ce qu'on écrivit d'abord de plus doux contre Newton, c'est que son système est une Hypothèse...

Selon le système de Newton repris par Voltaire la lumière assimilée au feu, est assimilée à un ensemble d'atomes, donc de matière, et est pesante.

Il est évident, écrit Voltaire, qu'un rayon blanc pèse tous les rayons qui le composent. Or supposez un moment, que ces rayons s'écartent tous également l'un de l'autre, alors il est évident en ce cas, que le rayon rouge, étant sept fois moins réfrangible que le rayon violet, doit avoir sept fois plus de masse, et sept fois plus de poids, que le rayon violet. Ainsi le rayon rouge, pesant comme sept ; l'orangé supposé ici, comme six ; le jaune supposé, comme cinq ; le verd, comme quatre ; le bleu, comme trois ; le pourpre indigo, comme deux, et le violet comme un, la somme de tous ces poids étant vingt-huit, et le blanc étant l'assemblage de tous ces poids, il est démontré qu'un rayon blanc, dans la supposition de ce calcul, pèse vingt-huit fois autant qu'un rayon violet ; et quel que soit le calcul, il est évident que le rayon blanc pèse beaucoup plus qu'aucun autre rayon, puisqu'il les pèse tous ensemble.

L'auteur s'empresse par ailleurs d'insister sur l'extrême petitesse d'un rayon élémentaire que composent des particules ou atomes « parfaitement purs » dont un large développement philosophique démontre la nécessité.

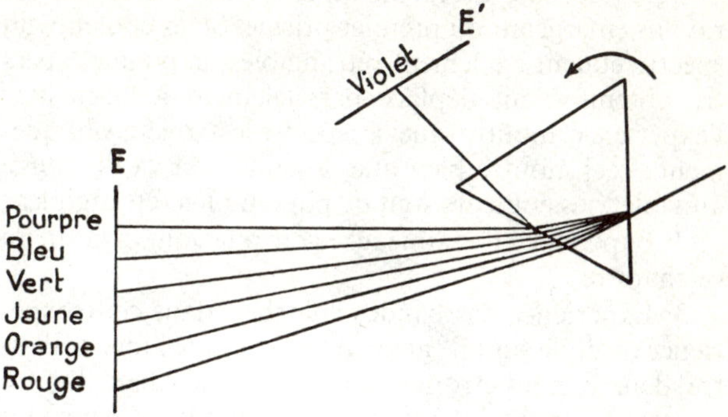

Fig. 4.

Newton ne s'est pas contenté de la décomposition classique de la lumière blanche en ses constituants, il a aussi complété son expérience originale par quelques expériences complémentaires et en particulier par celle de la séparation d'une position du spectre (fig. 4). Et tournant le prisme sur lui-même dans le sens indiqué par le flèche, on peut obtenir un angle selon lequel toute lumière se réfléchira de dedans ce prisme au-dehors au lieu de gagner l'écran E. Mais à partir d'un certain point, le rayon violet se détache le premier pour se porter sur l'écran E′. Si l'on continue la rotation les couleurs suivantes iront, à tour de rôle, prendre place à la suite du violet sur l'écran E′.

Pour bien démontrer que les couleurs du spectre sont simples et, de plus, inégalement réfrangibles, Newton réalisait diverses expériences complémentaires.

1° Expérience des prismes croisés : dans cette expérience, toujours classique, on fait tomber un faisceau de lumière solaire parallèle sur un premier prisme à arête horizontale : on obtient un spectre vertical qui se forme sur un écran éloigné. Plaçons un second prisme à arête verticale de façon qu'il soit traversé par les rayons émergeant du premier prisme. Si les couleurs du spectre étaient également réfrangibles, le premier spectre obtenu serait déplacé parallèlement à lui-même ; l'expérience montre que le spectre est rejeté obliquement ; ceci montre bien que, lorsque l'on va du rouge au violet, les couleurs sont de plus en plus réfrangibles ;

2° Expérience des anneaux, voir plus loin, à la fin de ce chapitre ;

3° Expérience des bandes colorées : dans cette expérience on colle sur un carton noir, à la suite l'une de l'autre, deux bandes étroites de papier, l'une rouge, l'autre violette, puis on les regarde à travers un prisme. La bande violette semble plus relevée vers le sommet du prisme que la bande rouge, c'est donc que les rayons violets sont plus réfrangibles que les rayons rouges.

1. **La synthèse de la lumière.** — Après avoir obtenu la décomposition spectrale de la lumière blanche, Newton se préoccupa, à titre de démonstration, d'en obtenir la synthèse. Il l'obtint de trois manières :

A) *Expérience du disque :* Ayant reporté sur un disque de carton la suite des couleurs du spectre en donnant à chacune une aire proportionnelle à l'étendue relative sur le spectre décomposé, Newton fit tourner rapidement ce disque pour obtenir le mélange par superposition visuelle de ces couleurs sur la rétine. Par suite de la persistance des impressions sur la rétine il obtint bien le résultat cherché et le disque apparut, en rotation rapide, d'autant plus blanc que les couleurs des secteurs se rapprochaient davantage de celles du spectre.

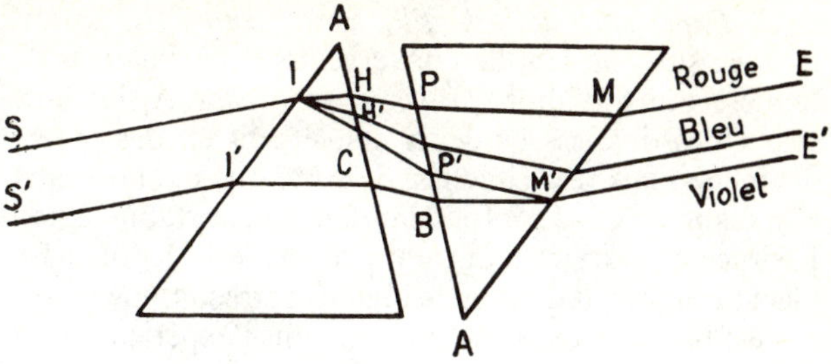

Fig. 5. — Expérience des prismes opposés.

Cette expérience, facile à réaliser, est fort justement demeurée classique, mais elle remplace les couleurs pures de la lumière par des colorants si bien qu'en réalité on ne saurait obtenir qu'un gris plus ou moins pur. L'expérience suivante ne jouant que sur la lumière est plus fidèle.

B) *Expérience des prismes opposés :* Deux prismes identiques A et A′ étant disposés en sens inverse (fig. 5), on fait tomber sur le premier un faisceau de lumière solaire parallèle. Les rayons lumineux sont déviés par le premier prisme, puis par le second. Les deux déviations étant égales et de sens contraire, les rayons lumineux émergents EE′ seront parallèles aux rayons incidents SS′. Si on les reçoit sur un écran, on n'obtiendra plus le spectre solaire mais un faisceau de rayons colorés émergents compris entre ME et M′E′. D'autre part, le rayon incident S′I′ donne un rayon rouge I′CBM′E′ qui se superposera au rayon violet donné par SI ; de même, suivant M′E′ sortent un rayon jaune et un rayon bleu provenant de rayons incidents compris entre SI et S′I′, etc. Seuls, les rayons extrêmes ne peuvent se recombiner avec aucun autre.

C) *Expérience de la lentille convergente :* En faisant tomber sur une lentille convergente L un faisceau de lumière qui a d'abord traversé un prisme A, les faisceaux des diverses couleurs convergent en des foyers distincts, mais peu éloignés, de sorte que ces faisceaux se mélangent et se confondent dans une certaine région F située de part et d'autre du foyer de la lentille. En plaçant un écran dans cette région, on reçoit une image qui est blanche au centre comme dans l'expérience précédente.

2. **Les disputes de Goethe.** — Le célèbre Goethe fut un fervent de l'étude de la couleur. « De tous les sens qu'il convie à la fête de la connaissance, dira un de ses historiographes, il accorde la priorité à la vue. » C'est dans la couleur « qu'il exalte à vingt-sept ans le sentiment de plénitude qu'il éprouve à se trouver seul, au lever du soleil dans les champs » et il s'écrie alors :

« Le matin est si beau ! Tout est si calme ! Un jour gris, mais splendide. J'ai dormi longtemps, mais je me suis éveillé à quatre heures. Que le vert était beau pour l'œil qui s'ouvrait à moitié ivre ! »

En 1791, à l'âge de 42 ans, Wolfgang Goethe qui, depuis son retour à Weimar, après son dernier voyage en Italie, s'était résolument mis à l'étude de la physique et de la chimie, écrivait sa *Contribution à l'optique.* Il ne s'agissait nullement là d'une passade. Ce grand génie qui avait déjà étudié et collectionné insectes et minéraux, possédait un esprit d'une incroyable curiosité. L'ignorance, relative d'ailleurs, où était le grand public de ses travaux scientifiques, le chagrinait et il s'en ouvrit parfois amèrement à ses amis dans les lettres toutes intimes qu'il leur adressait.

Il semble que ce fut lors de ses voyages en Italie que lui vint l'idée d'une étude sur les couleurs. Il ne lui suffisait pas d'admirer les tableaux des grands maîtres, il éprouvait le désir de connaître le pourquoi des coloris, de comprendre les raisons qui avaient déterminé le peintre à choisir telle couleur plutôt qu'une autre.

La *Contribution à l'optique* ne devait être que le prélude à une série d'études qui aboutiront à la publication de la *Théorie des couleurs* et aux *matériaux pour L'histoire de la théorie des couleurs*

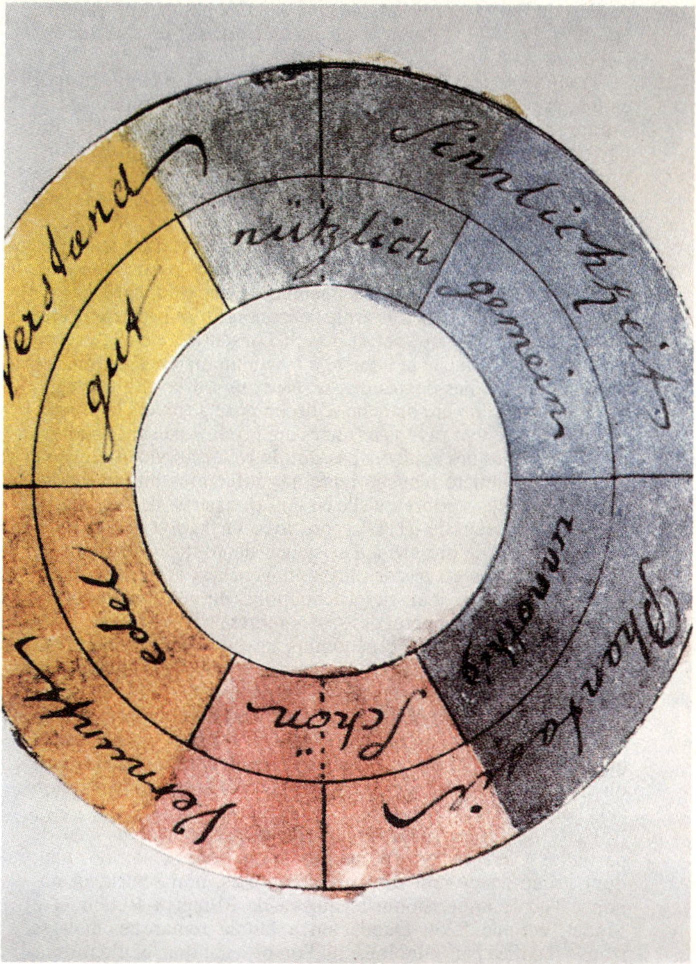

Photo 2. — Le cercle des couleurs de Wolfgang Goethe, écrit et coloré de sa main, en 1810 (Deutschstift Franckfurt).

publiés de 1805 à 1810. Cet immense sujet ne pouvait lui paraître épuisé et, en 1820, il donnera encore un traité sur les *couleurs entoptiques.*

Toute l'œuvre de Goethe sur les couleurs est en réalité dirigée en un âpre combat sur ce qu'il appelle l'erreur de Newton. Tâche ardue, sans doute, mais qui ne le rebute jamais. En 1827, dit Charpentier : « On le verra s'élever contre les professeurs qui continueront à exposer la théorie de l'illustre physicien », « parce que, selon le mot de Goethe lui-même, ils doivent à l'erreur leur existence ».

La démonstration de Goethe est celle qu'il refaisait, en 1826, pour Eckermann : « Une bougie allumée dont la partie intérieure de la flamme présente le même phénomène que celui par lequel le ciel apparaît bleu, lui en fournit l'occasion ou le prétexte. Cette clarté transparente, qui paraît devant l'obscurité, c'est la preuve de la loi selon laquelle la lumière n'est qu'un mélange de lumière et de ténèbre, à des degrés divers. Newton, on le sait, avait démontré que la lumière blanche se décompose à travers le prisme, en une série de sept rayons réfractés qui produisent sur l'écran où ils sont projetés des couleurs passant du rouge au violet. Suivant Newton, la lumière blanche renferme différentes lumières dont chacune est plus sombre qu'elle en tant que partie de l'ensemble. Pour Goethe, rien de tel. D'accord avec sa théorie de l'unité, il veut que celle-ci préside à l'existence de toutes choses en ce monde. Et il n'en est pas de plus homogène que la lumière. Il n'y a pas des lumières, mais des atténuations, diminutions ou affaiblissements de la lumière, des « pénombres ». Une « pénombre » éclairée paraît bleue ; une « pénombre traversée par une clarté paraît jaune ; en renforçant et mélangeant ces deux tons purs fondamentaux, on obtient la gamme des autres ».

« Il est absurde de dire que la lumière est un composé de couleurs, car toute lumière qui prend couleur est plus sombre que la lumière colorée. La clarté ne saurait être un composé d'éléments obscurs... » Et Goethe de conclure : « La couleur est l'expression et la souffrance de la lumière. »

Cette définition géniale, assurera, peut-être avec un peu de partialité, Charpentier, « d'une portée qui dépasse son postulat, dont les épreuves sont demeurées confuses, non seulement annonce l'école impressionniste qui va de Monet à Renoir et à Manet, comme Léon Daudet en a fait la remarque, mais se trouve justifiée par la biologie où l'on observe que les altérations de la couleur de la peau, des sérums sanguins sont des indices pathologiques ».

Par ailleurs, les études de Goethe sur la couleur renferment des parties digressives fort attrayantes et pittoresques et qui en rendent la lecture agréable.

Certes la théorie de Goethe, même pour l'époque, n'était guère défendable et elle suscita une vive opposition. Le grand philosophe ne put s'y résigner et il défendit avec cœur, avec acharnement même, ses idées. Il s'en montrait fier et jaloux. « J'attribue à ma théorie des couleurs, écrivait-il à Eckermann, plus de valeur qu'à toute mon œuvre poétique. » Boutade, sans doute, mais qui montre bien cependant à quel point il tenait à sa théorie et combien il souffrait de voir lui échapper la probante illustration qu'il pensait ainsi pouvoir appliquer à sa doctrine philosophique tout entière.

Comme cette simplicité de la lumière dont il avait eu l'intuition en Italie devant les toiles des maîtres ou peut-être devant les lueurs phosphorescentes émises par les célèbres « pierres lumineuses de Bologne » qu'il avait alors décrites, aurait pu témoigner de l'harmonie universelle du monde. Et ne voulant pas que cette chimère lui échappât, il s'obstina en son erreur et disputa jusqu'au bout avec Newton et les tenants de la thèse newtonienne, voire avec des philosophes comme Schopenhauer qui se préoccupa beaucoup, lui aussi, de ces captivants problèmes.

Notons pourtant que Goethe était d'un naturel fort peu enclin à la polémique ; aussi fallait-il qu'une distraction puissante le poussât en cette voie au sujet des couleurs. Il ne put cependant jamais apporter la démonstration réelle à sa thèse, ni prouver l'« erreur », qu'il dénonçait, du savant anglais. Pas davantage il ne put, une fois expliquée selon ses vues la naissance du jaune et du bleu, établir en quoi ils diffèrent.

A la fin de sa vie seulement, il se résignera à reconnaître que l'idée n'est jamais tout à fait adéquate à la réalité et que l'expérience lui donne parfois de démentis cruels. Il renoncera aux grandes théories, mais cela d'une façon plus apparente que réelle, plus pratique que spéculative. Il s'avouera en son for intérieur s'être hasardé, sinon trompé, en ce qui concerne la pureté de la lumière, mais fidèle à la raison suprême de son existence, il ne pourra mettre en doute l'intuition divine dont elle procédait.

Au demeurant son œuvre renferme bien des éléments qui demeurent d'un intérêt notable et ses disputes eurent le mérite de faire avancer la question.

3. **Les anneaux de Newton.** — Newton ayant observé les irisations qui se forment sur les bulles de savons que font les enfants à titre de jeu, présuma que les couleurs qui s'y manifestaient pouvaient bien dépendre de l'épaisseur des parties qui en composent les surfaces.

Pour s'en assurer il réalisa les expériences qui suivent (fig. 6) :

Deux lentilles légèrement convexes étant posées l'une sur l'autre et de l'eau étant interposée entre ces deux verres, on obtient aisément des épaisseurs variées. Si l'on presse un peu ces deux verres l'un contre l'autre, on observe une petite tache sombre, transparente, au point de contact des deux verres. Autour de ce point se forment des anneaux colorés dans le même ordre et de la même façon que les irisations qui se voyaient sur la bulle de savon.

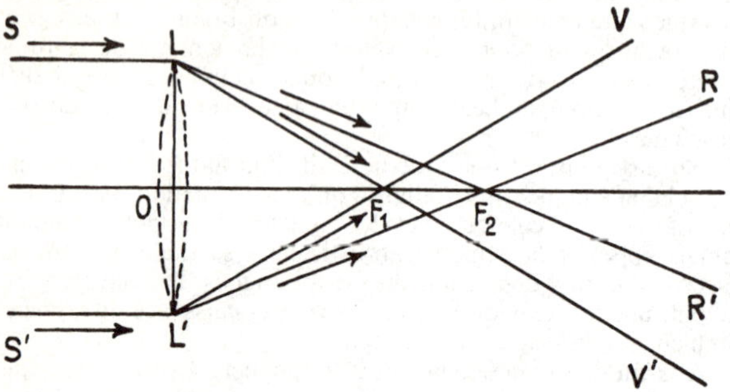

Fig. 6. — Expérience des anneaux de Newton.

Un faisceau de rayons solaires parallèles SS' tombant sur une lentille convergente LL', on observe que les rayons violets qui sont les plus réfrangibles formeront leur foyer en F_1 ; les rayons rouges auront pour foyer le point F_2.

Si l'on place un écran entre la lentille et F_1 on obtient un cercle blanc irisé sur les bords ; si l'écran est au-delà de F_2, le cercle solaire est encore irisé sur les bords, mais le violet est en dehors. Si la lumière, au lieu d'être une lumière blanche, est une lumière monochromatique (sodium par ex.), on obtient des anneaux très nets alternés d'ombre et de lumière.

En mesurant le diamètre de ces anneaux et la convexité du verre, Newton put déterminer les différentes épaisseurs donnant les couleurs considérées. Il trouva ainsi qu'il fallait environ quatre millionième de pouce pour réfléchir les rayons blancs ; pour obtenir le bleu ou le violet, il faut des épaisseurs sensiblement plus faibles. De ce fait, Newton, et après lui Voltaire qui décrit ses travaux estiment qu'« ainsi les vapeurs les plus petites, qui s'élèvent de la terre, et qui colorent l'air sans nuages, étant d'une très mince surface, produisent ce bleu céleste qui charme la vue ».

On comparera ces vues avec celles de Tyndall sur le bleu du ciel que nous relatons par ailleurs.

Insistons ici sur la valeur expérimentale des travaux remarquables de Newton qui a véritablement découvert « que c'est à l'épaisseur des surfaces que sont attachées les couleurs » et qui a ainsi signalé que l'or, en couche très mince, réfléchit des rayons jaunes mais transmet des rayons verts et apparaît en conséquence de couleur verte par transparence.

IV. — **Les lois de la trichromie**

Le médecin-physicien anglais Thomas Young (1773-1829) établit la théorie du « fait trichrome » (voir p. 61) que reprend le physicien-physiologiste allemand Hermann von Hemholtz (1821-1894) en établissant le mécanisme trichrome de la vision ou loi Young-Helmholtz. Gassmann expose ses trois lois :

- — trois paramètres sont nécessaires et suffisants pour définir une couleur ;
- — toutes les échelles de mélanges de lumières colorées sont continues ;
- — l'aspect de chaque couleur est indépendant de l'origine physique de cet aspect.

Nous retrouverons ces règles au chapitre « Colorimétrie ».

Chapitre III

LES COULEURS DE LA NATURE

Un corps nous apparaît rouge parce qu'il est capable de renvoyer les radiations rouges en absorbant les autres. C'est là une définition vraie mais à certains égards simpliste et souvent insuffisante car les phénomènes colorés sont extrêmement divers et peuvent résulter de processus complexes : jeux optiques, polarisation, luminescence... De surcroît, la définition de la couleur d'un corps telle que nous l'avons donnée ne répond que d'un résultat, non de son mécanisme. Ceci nous conduira à examiner tour à tour les principaux modes naturels de coloration des corps[1].

I. — Structure chimique

Un corps peut présenter, en lumière blanche et pour un œil normal, un aspect coloré caractéristique associé à sa nature, à sa composition et à sa structure chimique. En modifiant cette structure, on pourra même modifier sa nuance ou sa couleur.

En chimie minérale, l'on sait que le cobalt, le nickel, le chrome, le cuivre... fournissent toujours des sels colorés alors que d'autres donnent souvent des sels incolores ou blancs. En chimie organique, beaucoup de

1. Kurt Nassau, *The Physics and Chemistry of Color,* John Wiley and Sons, 1987, indique quinze processus distincts de coloration de la matière.

composés usuels sont incolore alors que des composés voisins ou même ayant la même composition chimique sont colorés.

En voici un exemple avec $CH_4C_4O_2NH$:

la *phtalimide* 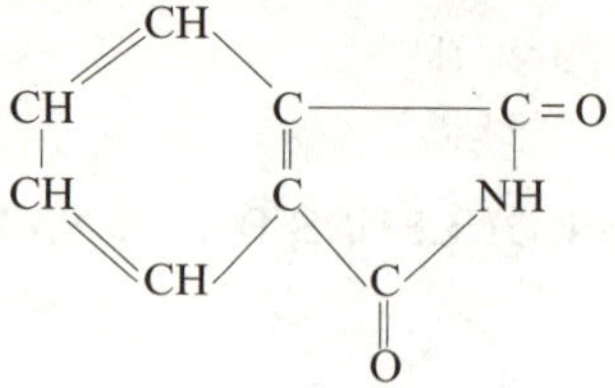 est blanche

l'*isatine* 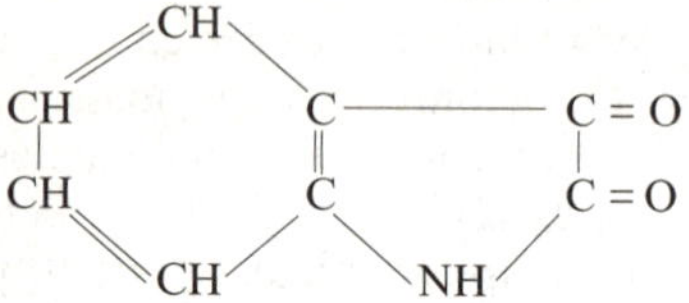 est rouge orangé

Ces deux corps ont pourtant même composition chimique et ils ne diffèrent que par leur structure.

En d'autres cas c'est par un apport chimique qu'intervient le changement de coloration, par exemple (Graebe et Liebermann, 1868) par fixation d'hydrogène ou par la présence de groupes d'atomes non saturés C = O, C = N, N = N, N = O, O = N = O... (Witt, 1876). Ces groupements prennent le nom de *chromophores* et une substance colorée dont la molécule comporte un ou plusieurs chromophores est dite un *chromogène.* C'est le cas du nitrobenzène, de l'azobenzine, de l'anthraquinone... Le chromogène ne deviendra colorant que si l'on introduit dans la molécule des groupements salifiables dits auxochromes comme NH_2, OH... ce qui fournit, par exemple, la nitraniline, le benzénazophénol, l'alizarine... Il suit de ces principes de base, connus depuis longtemps, que l'étude des relations entre la constitution et la structure chimique des corps et l'absorption sélective des radiations est un chapitre très important de la science, tant dans le domaine des sciences naturelles que dans celui qui a conduit à la préparation des colorants de synthèse. Inversement « nous devons nos connaissances approfondies sur la structure intime des atomes et des composés chimiques à des conclusions tirées d'observations faites au cours de l'étude de l'action de la lumière sur la matière » (F. Seel).

L'absorption sélective est due à des électrons qui se trouvent à la périphérie des atomes et qui sont plus ou moins liés par un champ électronique à la formation comportant des centres chargés positivement. La couleur d'un corps est donc conditionnée par le champ d'une part, par les électrons qui s'y meuvent d'autre part. Les anciens chromophores de Witt sont caractérisés par la présence de centres positifs et les auxochromes sont des groupements atomiques contenant des électrons mobiles capables de provoquer l'absorption.

Dans les molécules ce sont les atomes ou groupes d'atomes qui vont jouer le rôle de chromophores et d'auxochromes. Ainsi l'iodure mercurique montre l'exemple d'une molécule neutre avec cathion mercurique et anion iode volumineux. Les électrons se trouvent de ce fait éloignés du centre positif et dans un champ moins intense. Une énergie moindre permet de leur faire subir des sauts électroniques provoquant l'absorption, ce qui explique la coloration rouge intense et ses variations.

C'est aussi par un éloignement des électrons périphériques du centre que l'on expliquera pourquoi l'anhydride arsénieux est blanc, le trisulfure d'arsenic jaune et le triséléniure rouge brun.

Ces phénomènes électroniques se rallient aisément aux phénomènes d'oxydoréduction qui dirigent également les transformations colorées. L'action du chromophore sur l'auxochrome peut être assimilée à une réduction du premier ou à une oxydation du second. Ainsi expliquera-t-on les colorations de nombreux halogènes.

La couleur apparaît souvent en liaison directe avec des degrés d'oxydation différents. C'est ainsi que l'hydrate ferreux est blanc et l'hydrate ferrique brun, alors que leur combinaison passe au vert-noir. Les sels ferreux sont verts, alors que très purs ils seraient incolores.

Un autre exemple type de coloration dû au même mécanisme est celui du ferrocyanure ferrique qui est le bleu de Prusse et du ferricyanure ferreux qui est le bleu de Turnbull et qui sont intensément colorés parce qu'ils possèdent une partie de leur fer à l'état ferreux et l'autre à l'état ferrique, alors que le ferrocyanure ferreux et le ferricyanure ferrique n'ont plus ces colorations intenses. Les sels de tungstène, d'uranium, de cobalt, de molybdène, offrent aussi de très curieux et singuliers exemples de colorations variables avec les phénomènes d'oxydoréduction, de température, d'hygrométrie.

Dans la nature ces phénomènes ont joué fort largement avant que l'homme ne s'en préoccupe pour les utiliser à la fabrication de colorants ou d'indicateurs colorés (J. Meybeck, *Les colorants,* « Que sais-je ? », n° 119).

Telles modifications de coloration dues à une structure qui se trouve affectée par l'environnement, ont donné les bases d'une technologie qui est celle des indicateurs colorés du pH (fonction acido-basique) et du rH 2 (oxydoréduction). Ceci se retrouve en maintes opérations pratiques courantes de l'analyse chimique. L'exemple le plus connu est celui de la teinture de tournesol qui passe du rouge au bleu lorsque le pH passe de 5 (acide) à 8 (alcalin), ou celui de la phtaléine du phénol qui passe de l'incolore en milieu neutre ou acide au rouge intense lorsque le pH devient au-dessus de 10 assez nettement alcalin. Toute une gamme de tels indicateurs a pu être établie pour des mesures commodes, sinon très précises (M. Déribéré, *Les applications industrielles du pH,* Dunod, 3e éd., 1946 ; *Les applications industrielles du rH,* Dunod, 2e éd., 1966). Pour le rH par exemple, on utilise des dérivés de l'indigo, de l'induline, la diphénylamine... qui virent le plus souvent par simple décoloration due à la réduction. Certains, comme les indophénols, peuvent être à la fois indicateurs du pH par virage coloré défini, et du rH par décoloration réductrice.

II. — Quelques modifications de colorations minérales

Un iodure double de mercure de cuivre $I_2Cu_2I_2Hg$ est de couleur écarlate, mais si on le chauffe on le voit passer au brun chocolat entre 60 et 70° C. De même un iodure double d'argent et de mercure qui est jaune clair passe au rouge carmin au-dessus de 90° C.

En partant de ces faits, on a pu constituer toute une gamme de sels minéraux qui voient leur couleur se modifier par leur transformation enanthiotropique à des températures déterminées. Ce sont des indicateurs colorés pyrométriques dont le virage est tantôt réversible, tantôt irréversible. Ce sont des sels organiques, des iodures ou des phosphates complexes de molybdène, cobalt, nickel, cuivre, chrome, vanadium...

Par ailleurs, on connaît depuis longtemps l'usage des sels de cobalt et, en particulier, du chlorure pour indiquer l'état hygrométrique de l'air, le chlorure rose $Cl_2Co(H_2O)6$ passant au bleu à l'état sec ou par chauffage et revenant au rose par effet de l'humidité.

Le chlorure anhydre bleu Cl_2CoH_2O qui est violet, Cl_2Co2H_2O qui est violet clair, Cl_2Co4H_2O qui est rouge et Cl_2Co6H_2O qui est rose. D'autres détecteurs colorimétriques d'humidité plus sensibles ont été conçus, par exemple le pentoxyde de vanadium, dont on imprègne un gel de silice avec calcination ménagée de ce complexe qui passe de l'incolore au jaune, puis à l'orangé et au rouge grenat, selon le degré hygrométrique ambiant.

Un phénomène également digne de remarques se manifeste avec la turquoise orientale. Cette pierre nommée en certains pays d'Orient « pierre qui meurt » perd sa couleur avec le temps. On peut raviver cette couleur par un traitement dans une solution de carbonate de soude, mais une telle opération ne peut être faite qu'une seule fois avec efficacité. Il est, du reste, à noter que ce caractère permet de distinguer la turquoise véritable de certains os plus ou moins fossilisés et colorés par des sels de cuivre. La coloration de ceux-ci est, en effet, plus stable.

Plus curieux encore est le phénomène observé sur la hackmannite. La hackmannite est une variété rose de sodalite, ou silicate d'alumine et de soude, découverte d'une part à Lujaur Urt, dans la péninsule de Kola, Groenland ; et, plus récemment près de Bancroft, Ontario (Canada). Exposés à la lumière du soleil, les échantillons perdent assez rapidement leur belle coloration rose. A vrai dire, le phénomène de décoloration avait déjà été observé pour plusieurs espèces de sodalites diversement colorées, mais ici apparaît une curieuse réversibilité du processus. En effet, si les fragments décolorés de hackmannite sont conservés dans une totale obscurité, ils reprennent peu à peu leur coloration. Fait plus étrange, si ces fragments sont soumis à une source de rayons ultraviolets filtrés et séparés de la lumière visible dégradante, ils apparaissent, qu'ils soient vieux ou frais et bien colorés, avec une belle fluorescence rose-saumon et cette irradiation ultraviolette favorise et active considérablement le retour à la coloration initiale. Des traces de manganèse semblent la cause de ces décolorations et recolorations, comme aussi de la fluorescence rose saumon qui se manifeste sous la lumière noire, et de la thermoluminescence bleue que montrent au chauffage les échantillons de hackmannite.

Nous avons retrouvé des phénomènes du même genre, bien que moins intenses, sur des calcites contenant un peu de manganèse et provenant de Chisos Mountains près de Newsmith (Brewster) dans le Texas (États-Unis). Ces calcites, rose pâle, plus rarement de tons bleuâtres légers, perdent leur coloration à la lumière solaire. Elles la recouvrent lentement dans l'obscurité et mieux par une forte irradiation ultraviolette obscure. Au cours de cette irradiation, ces calcites roses et bleues montrent une belle fluorescence rose. Une autre variation de couleur dans un minéral a été citée pour la gillepsite. La gillepsite est un minéral fort rare trouvé près de Fairbanks, dans l'Alaska et qui est un silicate de fer et de baryum contenant un peu d'oxyde de manganèse. Ce minéral est rose ; chauffé, il devient d'un beau violet-bleu. Au refroidissement, la teinte revient au rose. Là encore, il y a donc phénomène réversible et le manganèse semble encore l'agent actif de la transformation.

Diverses recherches ont été entreprises pour expliquer ces phénomènes curieux, mais, dans l'état actuel de la question, elles ne semblent pas encore avoir abouti. Elles indiquent, toutefois, que les colorations, dues à des éléments métalliques et le plus souvent à des oxydes, peuvent être influencées par des radiations qui auraient un rôle réducteur (rayons ultraviolets, rayons X, rayonnements radioactifs) et qui détruiraient, de ce fait, les oxydes colorants ou modifieraient tout au moins leur structure.

A ce sujet, on devra mentionner le sel gemme bleu. Les colorations normales du sel gemme, qui est le chlorure de sodium déposé par des mers anciennes, vont de l'incolore au rouge, au brun ou au gris. Les colorations bleues, anormales, sont dues à l'action de rayonnements radioactifs qui se sont manifestés lentement et ont créé une structure particulière et une ionisation intense. L'analyse, en effet, ne permet de déceler aucune impureté, mais les échantillons bleus, soit qu'ils viennent de Przibram en Bohême ou de Carlsbad dans le New Mexico, ont une thermoluminescence qui décèle l'effet d'un rayonnement radioactif antérieur. On a pu, du reste, obtenir par synthèse de telles colorations bleues en soumettant des cristaux incolores et limpides de chlorure de sodium à une irradiation intense de rayons X qui provoque un phénomène réducteur par déplacements de certains électrons de la structure interne du cristal.

Des centres colorés ont aussi été obtenus de la même manière sur divers halogènes, sur des quartz, sur des diamants.

C'est donc dans des phénomènes d'oxydation et de réduction ioniques profonds qu'il faut rechercher les raisons des changements de couleur et de luminescence parfois réversibles, que l'on rencontre dans certains minéraux. Ces phénomènes étranges ne constituent pas seulement une curiosité physique singulière ; ils sont aussi à la base d'études qui permettront d'acquérir de nouvelles connaissances de la matière.

III. — **Couleur par jeux optiques**

Il paraît assez singulier, après les définitions que nous avons données au départ de cet ouvrage, d'étudier les corps pour leur couleur alors que ce terme est seulement en nous en forme de sensation. Nous avons bien précisé que la nature du corps coloré n'était que l'un des éléments, le second étant la lumière qui assure le message et le troisième l'œil qui perçoit le message. Mais nous venons de voir que la lumière joue de surcroît un rôle immédiat à l'intérieur même des corps colorés. Ce terme va devenir plus direct encore dans certaines apparitions de couleurs liées à des jeux optique.

Prenons un cristal de sulfate de cuivre. Il est d'un beau bleu. Broyons-le finement et nous n'avons plus qu'une poudre blanche. Ce sont uniquement les phénomènes lumineux d'absorption et de réfraction qui ont changé.

De même prenons un beau papillon Mars ou, mieux encore, un morphos aux ailes nous apparaissant d'un bleu lumineux et pur, portons-le sous un microscope pour chercher à analyser l'élément coloré qui nous procure cette belle vision... il n'y a plus rien. Au microscope électronique, par contre, nous découvrons une fine architecture de kératine transparente qui nous a donné par des suites de diffusion et de diffraction de la lumière blanche la sensation de bleu. Notons que d'autres papillons ont les ailes chargées de pigments et écailles colorés alors faciles à identifier au microscope.

C'est pour des raisons analogues à ces phénomènes d'optique que le ciel qui n'a pas de couleur propre nous apparaît généralement bleu (et rouge orangé au lever et au coucher du soleil).

En effet, les rayons lumineux qui nous parviennent traversent des couches d'air diversement ionisées, perturbées, chargées de particules matérielles ou gazeuses. Elles subissent de ce fait des phénomènes de diffusion (Tyndall). Mais la diffusion est inversement proportionnelle à la quatrième puissance de la longueur d'onde. Comme cette dernière diminue, du rouge au violet, dans la proportion de moitié environ, il s'ensuit que la diffusion devient seize fois plus grande pour l'extrême violet que pour l'extrême rouge. C'est pour cela que la masse de l'atmosphère éclairée en lumière blanche nous donne une impression de bleu plus ou moins intense, plus ou moins violacé ou plus ou moins verdâtre.

Mais le ciel n'est pas forcément bleu en apparence. Lorsque, par une belle journée d'été, le soleil brille au zénith, il inonde tout l'air de lumière et le bleu paraît intense mais, lorsque le soleil s'incline sur l'horizon, les rayons diffusés s'affaiblissent au profit de ceux qui traversent plus aisément une couche plus chargée d'impuretés, c'est-à-dire ceux de longueur d'onde plus grande. Le rouge seul nous parvient alors aisément et c'est l'explication des nuances chaudes du couchant comme du lever du soleil. De même au travers de la brume les rayons de longueur d'onde élevée traversent plus aisément les éléments étrangers perturbateurs, d'où les ciels roses que l'on peut constater lors de certains brouillards ou lorsque le ciel est lourd de nuages près à déverser de la neige dont les cristaux arrêtent les rayons violet et bleu proportionnellement plus qu'ils ne les ont diffusés par rapport aux rayons oranges et rouges.

Le soleil lui-même, au couchant par temps très pur, peut nous apparaître d'un rouge très vif par suite de ce que les rayons rouges nous parviennent alors que le violet, le bleu et le vert sont diffusés, non plus vers nous, mais vers l'atmosphère. C'est alors que, en certaines conditions privilégiées et, soit un effet brutal de contrastes, soit par un phénomène inverse de réfraction, sa disparition soudaine sous l'horizon laisse percevoir le mystérieux rayon vert que sa rareté, jointe à son étrangeté, a fait souvent apparaître comme un mythe.

Ce phénomène est plus vraisemblablement un effet de réfraction qu'un effet de contraste car on a pu le percevoir aussi au lever du soleil.

Le ciel nous offre au demeurant bien d'autres spectacles colorés dont le plus marquant est évidemment l'arc-en-ciel. Les Anciens qui ne savaient l'expliquer en avaient fait une divinité. Quelques auteurs en tentèrent quelques nébuleuses explications (Albert le Grand, Antonio de Dominis...). Mais c'est Newton qui put l'expliquer par les modifications apportées dans le trajet des rayons lumineux vers notre œil par des gouttelettes d'eau en suspension dans l'air.

Un autre phénomène plus rare, mais féerique, est l'aurore boréale qui est due à des décharges électriques dans une haute atmosphère ionisée et qui a donné lieu à

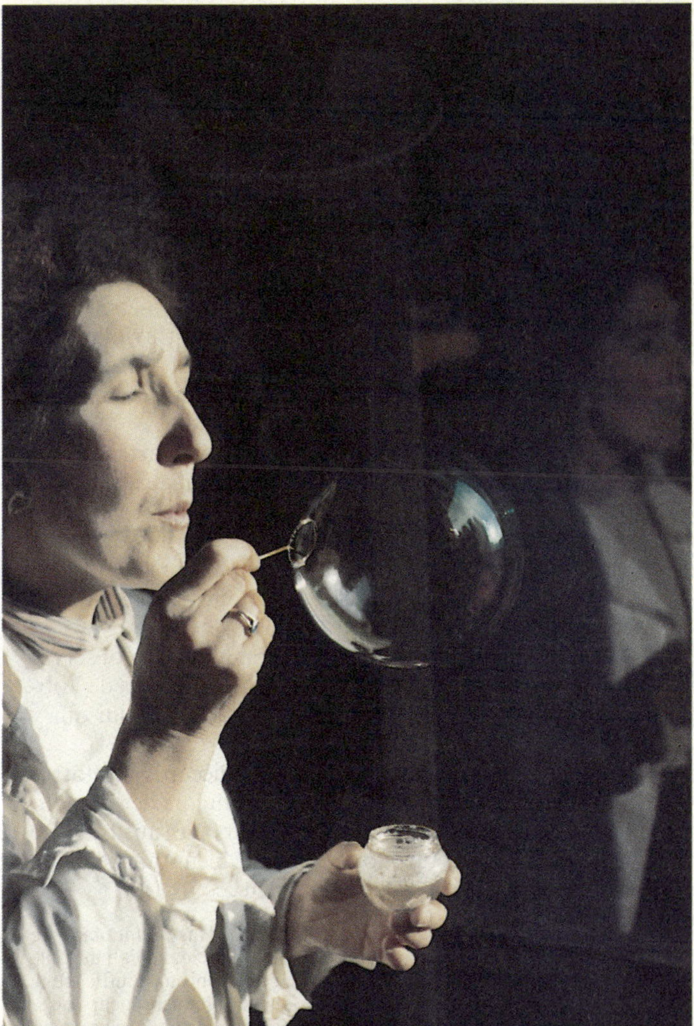

Photo 3. — Jeux colorés par diffraction sur une bulle de savon.

de grandiloquentes descriptions (Michelet, Leconte de l'Isle...), ou à d'autres, plus physique (J.-J. de Mairan)

Le phénomène de la coloration bleue de la mer est similaire à celui de la coloration du ciel. Cette coloration est due au filtrage sélectif des radiations solaires par les molécules d'eau, mais l'effet est encore plus rapide et plus intense, plus variable aussi en raison des valeurs diverses de turbidité des eaux où interviennent micro-organismes, plancton...

Dans l'eau de mer à faible turbidité 62 % des radiations sont déjà absorbées dans le premier mètre. A 10 m de profondeur, tout l'infrarouge et l'ultraviolet proches du visible ont disparu. A 20 m, c'est le rouge qui n'existe plus, mais les rayons bleu-vert (turquoise) vont encore jusqu'à une centaine de mètres.

Dans les eaux côtières chargées de particules, le vert-jaune passe proportionnellement mieux. La présence, dans certaines zones, d'animaux ou de végétaux microscopiques joue le rôle d'écrans colorés et donne des teintes verte, jaune-vert, voire parfois jaune ou rougeâtre qui existent aussi en certains lagons ou lacs de montagnes.

L'exploration sous-marine a conduit à des observations dans le sens opposé, c'est-à-dire non plus de l'observateur terrestre voyant la mer, mais de celui qui y pénètre.

Beebe en sa sphère, puis le Pr Piccard, Houot et Wilm en leurs bathyscaphes, Cousteau lors de ses plongées... ont relaté les effets de couleurs passant très vite autour d'eux au turquoise, puis au bleu nuit percé de jeux de poissons à organes lumineux.

Notons encore, par exemple, de Hans Hass remontant de plongée : « Dans ma main, une tomate. Noire dans l'abîme, elle devient verte lorsque je remonte en nageant, puis un souffle jaune vient la recouvrir. Tel l'éveil d'une âme, la première lueur rouge perce qui se transforme bientôt en une boule de feu déchirant les nuées, rouge beaucoup plus intense et resplendissant qu'auparavant, cette courte descente ayant suffi à saturer mes sens de bleu.

Le rouge est maintenant tellement subjugant que la tomate semble une pierre précieuse d'une infinie rareté.

« Émergeant enfin, je suis ébloui par le soleil qui m'inonde de sa blanche lumière. Aveuglé, je m'agrippe au bord du bateau et reprend contact avec l'atmosphère. Je regarde ma tomate. Le joyau a disparu. Il ne reste qu'une tomate d'un rouge tout à fait normal, plutôt commun. Et je pense à la sagesse du vieux dicton : il faut voir les choses et en jouir lorsqu'elles sont pareilles à des joyaux... »

Plus loin, le même signale : « Par ailleurs, il existe des phénomènes que l'on ne peut s'expliquer. Il y a plusieurs années, au cours d'une plongée avec le commandant anglais Jimmy Hodges qui devait disparaître plus tard si tragiquement, nous nous trouvions près de l'à-pic d'un récif de la mer des Caraïbes, lorsque nous nous arrêtâmes brusquement, frappés tous deux par le même objet : une éponge rouge qui poussait au pied d'une gorgone. Nous étions à près de 40 m de profondeur, et cette éponge était rouge. D'après tous les principes de physique que nous connaissions, elle ne pouvait être rouge et pourtant, elle l'était. Je la dégageai et nous remontâmes en nageant. Nous fîmes l'expérience inverse de celle faite avec la tomate : l'éponge des profondeurs mystérieuses perdait progressivement de sa couleur. A la surface, elle était d'un gris sale et nous nous demandions si nos sens ne nous avaient pas trompés sous l'effet de la pression en profondeur. Toutefois, l'expérience se répéta. Il existe dans les profondeurs des mers tropicales plusieurs plantes qui ont une nette coloration rouge. Il reste à examiner de plus près comment et par quoi nos sens sont ainsi impressionnés. »

L'exploration céleste a conduit aux mêmes extensions. Ce n'est plus alors l'homme terrestre qui examine la couleur du ciel au-dessus de sa tête ou vers l'horizon, c'est le navigateur de l'espace qui se penche pour voir ce que deviennent les couleurs de sa planète.

Montant en la stratosphère en son ballon, Piccard avait vu le ciel passer du bleu au violet, puis devenir plus sombre. les cosmonautes ont noté aussi ces faits où disparaît le bleu du ciel, mais en dessous les phénomènes sont également intéressants et déjà lors d'un voyage en avion l'on observe parfois de singuliers effets d'optiques.

En étudiant de haute altitude la radiation émanant du sol et des couches inférieures de l'atmosphère, Torlin et Stakutis ont observé (avec un spectrographe de grande précision et au moyen de photographies en couleurs) que les radiations reçues et réfléchies par le sol étaient importantes. A 1 200 m au-dessus du désert de White Sand, dans le Nouveau-Mexique, par temps clair, on trouvait 20 fois plus de rouge que de violet, mais à 26 000 m, il n'y avait plus que 3,5 fois plus de rouge que de violet. L'observateur regardant vers le bas voit donc, au fur et à mesure qu'il s'élève, une progression du bleu-violet.

IV. — Coloration par éléments extérieurs

Nous avons vu comment la modification de structure d'un corps pouvait provoquer l'apparition d'une couleur et comment le fer, par un mélange des ions ferreux et ferriques, pouvait colorer des roches. C'est à des principes connexes qu'appartiennent les faits où un simple élément d'apport extérieur, parfois présent au demeurant en petite quantité, modifie la coloration d'un élément. Ceci est fréquent dans le règne minéral.

Ainsi l'alumine (corindon) qui est blanche deviendra rouge (rubis) si elle contient un peu de chrome, verte (émeraude orientale) avec un peu de chrome et fer combinés, bleue (saphir) avec l'association fer-titane...

De même, une trace de manganèse dans la silice qui est si parfaitement incolore dans le cristal de roche donnera l'améthyste violette et un peu de fer fournira le quartz jaune ou citrine ou le quartz rose.

Les proportions d'éléments colorants sont parfois si faibles qu'on n'a pu en définir avec certitude les indications, mais il est facile par contre de réaliser des pierres de synthèse où le chromogène est alors bien connu.

Ainsi on réalise une aigue-marine synthétique en colorant l'alumine avec un dosage bien fixé de vanadium et de cobalt pour donner les tons allant du bleu clair pur au bleu pâle à reflets verdâtres.

Ces processus sont similaires à ceux des perles de borax dont on utilise la coloration pour des buts analytiques, ou à ceux qui guident la coloration des verres, l'élément chromogène pouvant, de surcroît, agir différemment selon qu'il intervient en milieu oxydant ou réducteur, acide ou alcalin.

On obtient même, à l'occasion, des minéraux à effets colorés singuliers, soit par le jeu des absorptions et des réflexions provoquant des dichroïsmes, soit par une structure macrographique particulière (aventurine avec paillettes transparentes de mica dans une pâte colorée, œil de chat avec fibres, alexandrite à reflets rouges et verts selon l'orientation des cristallisations de surface, labradorite à irisations bleues optiques, etc.).

L'alexandrite qui possède la particularité de paraître verte ou rouge violacée selon l'angle sous lequel on l'observe est une singularité de la nature, mais on l'a aussi reproduite artificiellement en fondant de l'alumine que l'on colore avec des traces de vanadium mêlé d'un peu de sel de chrome.

V. — **Colorations animales par pigmentation**

La peau humaine recevant une dose notable de radiations lumineuses ou d'ultraviolet proche du visible cherche à s'en défendre. Pour cela l'organisme élabore un pigment, la mélamine, qui joue le rôle de filtre protecteur en arrêtant davantage les radiations courtes à effets photochimiques que celles de plus grande longueur d'onde. La mélamine est donc brune, c'est-à-dire d'un rouge orangé de faible facteur de réflexion. De même, un organisme privé de lumière réagira en produisant des substances à effets photosensibles, en particulier des porphyrines.

Ces éléments ainsi créés sont essentiellement des colorants. Il en existe de similaires ou de parallèles chez tous les êtres vivants et le processus intime de leur formation explique les aspects colorés des animaux qui ne sont jamais gratuits mais répondent à un déterminisme naturel : autoprotection, mimétisme, parade sexuelle... De multiples exemples pourraient être donnés et rempliraient un énorme ouvrage.

Déjà à l'origine des êtres vivants, nous voyons apparaître des formations colorées. De nombreuses bactéries dites chromogènes produisent des pigments et les diffusent dans le milieu où elles vivent :

Bacillus fluorescens colore l'entourage en vert.

Bacille pyocyanique colore l'entourage en bleu.

D'autres se colorent elles-mêmes telles que, entre bien d'autres :

Micrococcus luteus en	jaune or
Bacillus luteus en	rouge
Micrococcus prodigiosus en	rose
Bacille du lait bleu	bleu clair
Bacillus fluorescens liquefacious	vert
Bactériopurpurine	pourpre bleuâtre

Les formations coralliaires se colorent elles-mêmes de pigments urobiliques de coloris rouge, jaune, jaune-vert... accompagnés parfois de très belles fluorescences rouge, orangé, verte, bleue... sous les rayons ultraviolets filtrés.

Les êtres vivants sont d'une habileté fort remarquable pour créer les coloris qui leur sont utiles. Parfois ils complètent ou remplacent la formation photochimique ou biologique des pigments colorés par des structures superficielles (surfaces de téguments en stries ou couches minces) ayant le même objet qui est souvent de se cacher (mimétisme) ou de se montrer (parade sexuelle).

Les plus beaux bleus ne sont pas, dans le règne animal, le fait de pigments, mais de jeux optiques structurels. Les plus beaux verts allient les deux : fond à pigment jaune sur élément structurel diffusant (oiseaux, caméléons, lézards).

Certains poussent l'astuce jusqu'à se montrer pour

mieux se préserver. Expliquons cette apparente contradiction : possédant un moyen actif de défense par émission d'un liquide caustique ou d'une odeur, de poils urticants ou de glandes venimeuses... ils se parent de vives couleurs pour que leurs ennemis en les voyant bien puissent s'enfuir plus sûrement (Poulton). Il en est aussi qui cherchent à prendre l'apparence d'une espèce mieux défendue pour les mêmes raisons.

Bien des animaux sont pourvus de dispositifs qui associent des pigmentations et des structures à effets optiques pour agir selon le milieu : caméléon, divers crustacés et batraciens, nombreux poissons[1].

Bien entendu, l'étude des couleurs dans le monde animal ne doit pas être faite seulement à partir de notre propre vision, mais surtout à partir de celle des intéressés c'est-à-dire des animaux envisagés, de leurs proies et de leurs ennemis, et cela dans le milieu où ils vivent. C'est tout un chapitre captivant de l'histoire naturelle et celui-ci est d'autant plus passionnant qu'il reste encore environné de beaucoup d'inconnu et de mystère.

VI. — **Colorations végétales**

La coloration dominante du monde végétal est le vert et elle n'est pas davantage gratuite que celle, plus variée, des animaux. Le vert est, en effet, dans la partie où le rayonnement solaire est le plus marquant, la raison d'être de la chlorophylle et de sa fonction photochimique qui dirige la photo-synthèse et l'utilisation de l'énergie solaire par les plantes[2]. Plus encore que le vert, c'est au reste le spectre de la chlorophylle et sa bande rouge associée qui sont en cause. La floraison

1. M. Déribéré, *Le caméléon, un caprice de la Nature,* Puteaux, Érec, 1980.

2. J. Carles, *L'énergie chlorophyllienne,* « Que sais-je ? », n° 583.

est elle-même dirigée par le rôle direct de la lumière et les lois du photo-périodisme[1].

Les pigments naturels du monde végétal sont très différents de ceux du monde animal. Ce sont surtout (outre la chlorophylle) les colorants jaunes dérivés de la flavone et du flavonol, les anthocyanes rouges et bleus, les colorants de pyrrylium, hémines, bilirubines, cobalamines (vitamine B12), les colorants quinoniques, oxaziniques et les pigments caroténoïdes qui vont du rouge au jaune. La plupart ont été bien complètement étudiés et l'on connaît leur structure et leur rôle dans les diverses colorations végétales, mais on est encore assez mal fixé sur certaines de leurs significations et bien des problèmes restent posés, par exemple de savoir si le carotène qui se trouve à côté de la chlorophylle dans toutes les feuilles vertes intervient dans le processus d'assimilation. Il semble bien en tout cas que le brunissement ou le rougissement des feuilles en automne soit explicable par la disparition de la chlorophylle qui laisse alors le pigment caroténoïde en action. En dehors de la saison le jaunissement ou le rougissement peuvent être provoqués par des traumatismes ou des maladies (champignons parasites, insectes perturbateurs, action de la chaleur...).

Si le vert (passant au jaune brun en automne) est la coloration normale des feuilles, les fleurs montrent des coloris très divers où dominent le blanc et le jaune puis le rouge, ensuite le bleu, le violet, le vert, l'orangé, le brun. Le noir n'existe pas (d'où l'intérêt porté par les fleuristes à la recherche vaine de la vraie rose noire ou de la tulipe noire). On remarque une tendance vers le blanc en allant vers les pays froids et vers le rouge vers les pays chauds. Le jaune serait plus abondant dans les rochers, les prés, la montagne... et le bleu dans les bois.

1. Cl. Ch. Mathon et M. Stroun, *Lumière et floraison,* « Que sais-je ? », n° 897.

On a cherché à établir une liaison entre le parfum et la couleur, les fleurs claires, et surtout les blanches, étant souvent les plus odoriférantes (Cobler et Schübler).

Un examen ordonné de la couleur a permis d'établir des schémas de base où l'on rapporte les teintes à la série cyanique (bleue) ou xantique (jaune) qui seraient antagonistes (Larbalétrier, de Candolle), mais en fait les processus sont fort complexes. Comme pour les animaux l'on peut reconnaître un sens vital dans la coloration des plantes par les jeux subtils de la nature. Les fleurs sont colorées, bien plus que pour le plaisir de nos yeux, par les nécessités d'un message aux animaux utiles pour assurer la fécondation par le transport de la vie.

Certaines espèces se contentent de fleurs vertes, presque invisibles, mais elles doivent en échange produire du pollen en surabondance et le livrer au vent selon une méthode qui à notre sens humain pourra être désignée de peu efficace. C'est le cas des céréales et de nombreux arbres.

D'autres plantes que nous considérerons comme plus évoluées ou mieux organisées, voire plus intelligentes, ont recours aux animaux qui les viennent visiter (insectes, oiseaux) et qui, par la même occasion, porteront d'une fleur mâle à une fleur femelle les germes qui prolongeront la vie. Le rôle des abeilles est fort important à cet égard et pour le démontrer on a dû étudier avec soin leur façon de voir les fleurs et d'être attirées par elles. Parmi ses magnifiques travaux sur ce sujet von Frisch a montré, par exemple, comment l'anémone de montagne possède exactement les deux couleurs que l'abeille peut voir le mieux : un cœur jaune et des pétales violets (qui paraissent d'un bleu éclatant à l'abeille qui ne perçoit pas le rouge, mais qui voit bien l'ultraviolet). La dispersion de cette fleur lui rend nécessaire cet appel par un message coloré a son auxiliaire actif.

Y. Le Grand a rapporté que l'étude du pouvoir réflecteur de diverses fleurs faite au laboratoire du Muséum d'Histoire naturelle, avait montré que les animaux avaient une affinité très marquée pour certaines couleurs de fleurs et non pour d'autres. La coloration des fruits est également importante et utile pour les oiseaux qui les mangent mais qui, en échange, transportent les noyaux pour propager l'espèce. Y. Le Grand signale le cas d'un champignon : l'amanite tue-mouches : « Au premier abord, dit-il, il semble que le rouge du chapeau de ce champignon n'ait pas de sens biologique ; mais ce champignon se reproduit par des spores qui sont sous le chapeau et si les animaux, attirés par la couleur ne venaient pas mordiller des fragments de ce champignon, les cracher un peu plus loin – car il est fort mauvais – et provoquer ainsi une dissémination des spores, celles-ci resteraient concentrées au voisinage de son producteur et ne seraient pas transportées. »

Chapitre IV

LA PERCEPTION DES COULEURS

I. — La vision des couleurs simples

Fenêtre ouverte sur l'univers, l'œil est un ensemble complexe qui transmet à notre cerveau, par l'intermédiaire de la rétine, les sensations que nous recevons du monde coloré qui nous entoure[1].

La sensibilité même des éléments photosensibles de la rétine et des nerfs qui en transmettent les réponses, la précision de réglage des autres parties de l'œil font de la vision un phénomène d'une grande complexité et qui porte les avantages et les inconvénients de ses qualités. L'homme est essentiellement un « visuel » ; la plupart de ses actes sont guidés par sa vue ; son œil lui permet une vision des couleurs plus complète que celle de la plupart des animaux et c'est l'une des bases de sa prédominance sur ceux-ci.

L'œil est un appareil intégrateur. Si nous envoyons sur un écran blanc une lumière violette d'une part et, d'autre part, une superposition de lumière rouge et de lumière bleue, l'œil verra également du violet. Il ne saura pas discerner la couleur pure de celle obtenue par mélange. Par contre, c'est un appareil fort sensible et capable de définir de faibles différences de nuances, cela d'ailleurs de façon différente selon la zone spectrale où se situent ces nuances (fig. 7).

1. Nous renvoyons pour la description de cet organe de haute sensibilité au n° 528 de cette collection : A. Perceval, *La vision*.

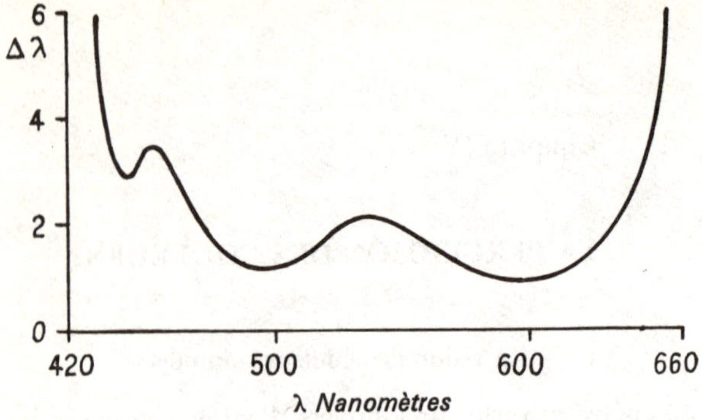

Fig. 7. — Différenciation des couleurs Δλ (en nm) selon la longueur d'onde λ en nanomètres.

Cette courbe moyenne subit des variations sensibles selon les individus et les conditions opératoires notamment avec la luminance ou l'éclairement.

Ainsi il fera les discriminations les plus aisées dans les teintes pour le violet ou le rouge et il saura mal apprécier des différences de tons dans les jaunes. Cela est tellement vrai que les teinturiers, par exemple, apprécient les jaunes par la quantité de bleu qu'il faut leur adjoindre pour obtenir un vert donné. Par contre, la saturation ou degré de pureté est plus facile à évaluer pour les jaunes et les verts, et beaucoup moins pour les rouges et surtout les violets.

L'œil peut distinguer aisément un grand nombre de couleurs. Or, il semble bien impossible que des systèmes récepteurs aussi nombreux puissent exister dans notre rétine. Les 800 000 fibres du nerf optique n'y sauraient suffire s'il fallait en chaque point fournir, par une voie distincte, un message coloré choisi parmi autant de possibles.

C'est en se basant sur cette impossibilité que Young, en 1801, formula sa loi célèbre de la théorie trichromatique. Admise, puis discutée, cette loi demeure la base des théories les plus modernes issues des travaux remarquables de Granit, von Stüdnik, Piéron, Yves Le Grand... Selon Young, la rétine doit posséder des éléments de trois espèces, sensibles respectivement au bleu indigo, au vert-jaune et au rouge pour qu'elle possède, par synthèse, la vision totale des couleurs. Cette théorie, la première, rendait compte déjà des anomalies de la vision colorée et notamment du daltonisme.

D'autre part, il est connu aujourd'hui que la rétine possède des sensibilités variables selon les divers points de sa surface, laquelle est de 2,5 cm^2 environ. Vue en coupe sous le microscope, la rétine révèle une constitution étagée fort complexe. A la base, soit vers l'extérieur du globe oculaire, sont des fibres épanouies qui constituent les terminaisons du nerf optique ; la couche intermédiaire est formée par des « cellules relais » qui se connectent par leurs arborescences, d'un côté avec les fibres du nerf optique et de l'autre avec les « cellules visuelles » constituant la couche sensible proprement dite.

Ces cellules sont de deux types : les *cônes* et les *bâtonnets,* dont le rôle est différent. Au centre de la rétine chaque cellule visuelle est reliée à une fibre nerveuse. La vision y est excellente. Au fur et à mesure que l'on s'en écarte, les connexions se groupent jusqu'à atteindre 100 et 200 cellules par fibre nerveuse, aussi la vision périphérique est-elle médiocre. D'autre part les bâtonnets, surtout localisés en périphérie, fonctionnent surtout en lumière très faible et assurent la « vision scotopique », pratiquement dénuée de la perception des couleurs.

Ceci justifie l'assertation classique : « La nuit, tous les chats sont gris. » Par clair de lune faible, on ne saurait distinguer la couleur d'un chat et pas davantage les couleurs d'un tissu. L'acuité visuelle est faible. On voit mieux un objet en le regardant non de face, mais de travers.

La courbe de sensibilité est décalée vers les faibles longueurs d'onde en vision scotopique (phénomène de

Purkinje). Les cônes, par contre, assurent la vision normale, avec les meilleures images sur la partie centrale de la rétine, une bonne acuité, croissante avec l'éclairement, et une perception correcte des couleurs pour un œil normal.

Les travaux les plus récents admettent que les trois catégories de cellules chromatiques sont sensibles au bleu, au vert et au rouge, mais le processus exact de la vision des couleurs est encore bien loin d'être totalement expliqué.

II. — La perception des couleurs complexes. Synthèse additive ou soustractive

Dès 1885, Maxwell commença à publier ses études expérimentales sur la perception des couleurs devenues aujourd'hui classiques. Il utilisait à cet effet des disques colorés montés sur toupie de manière à conjuguer les impressions visuelles dues à deux ou à plusieurs surfaces colorées.

Les proportions relatives des couleurs composantes se trouvaient mesurées par les surfaces exposées des différents disques. En utilisant des disques rouge, vert, jaune et bleu, ainsi que noir et blanc, et en faisant varier la surface réglable des disques exposés, Maxwell observa que n'importe quelle couleur peut être obtenue, et établit ainsi les bases pratiques de la trichromie en confirmant la théorie de Young.

Les expériences faites avec de tels disques colorés ne donnent cependant pas de résultats satisfaisants, car les couleurs ne sont pas les couleurs pures du spectre, et elles varient aussi jusqu'à un certain point avec la nature de la lumière incidente.

C'est pour pallier cette limitation que Maxwell inventa sa boîte à couleurs. Celle-ci comprenait un montage simple pour sélectionner une quantité variable de lumière à l'aide de trois fentes placées respectivement dans les parties rouge, verte et violette d'un spectre de lumière blanche. Par réfraction prismatique convenable, la lumière de ces trois fentes est obligée de passer par une seule fente où elle se combine pour former une couleur composée. En faisant varier la largeur des fentes, Maxwell démontra que n'importe quelle couleur pouvait être ainsi obtenue.

Helmholtz avait déjà donné un tableau définissant la lumière dont la sensation est produite sur l'œil par un mélange de deux lumières simples et indiquant les complémentaires qui, mélangées, donnent le blanc. Ce tableau, qui demeure exact et classique, est le suivant :

	Violet	*Indigo*	*Bleu*	*Vert-bleu*
Rouge	Pourpre	Rose foncé	Rose cl.	*Blanc*
Orangé	Rose foncé	Rose cl.	*Blanc*	Jaune cl.
Jaune	Rose cl.	*Blanc*	Vert cl	Vert cl.
Jaune-vert	*Blanc*	Vert cl.	Vert cl.	Vert
Vert-bleu	Bleu	Bleu		
Vert	Bleu cl.	Bleu	Bleu-vert	
Bleu	Indigo			

	Vert	*Jaune-vert*	*Jaune*
Rouge	Jaune cl.	Jaune or	Orangé
Orangé	Jaune	Jaune	
Jaune	Jaune-vert		
Jaune-vert			
Vert-bleu			
Vert			
Bleu			

Dans cette suite d'études apparaît l'évolution d'une technique au travers d'un certain respect de chiffres mystiques. Au XVe siècle, Reische avait affirmé que les couleurs étaient au nombre de 7. Influencé par les rapports que l'on cherchait déjà à en tirer, Newton avait conservé ce chiffre en remplaçant le blanc et le noir par l'orangé et l'indigo, ce qui était fort arbitraire.

Mariotte déjà, du temps de Newton, concédait que les « couleurs apparentes du prisme et de l'arc-en-ciel » sont du ressort de Newton, mais que les « couleurs fixes et permanentes des objets » sont seulement au nombre de cinq, ce en quoi il aborde déjà la trichromie car ces cinq couleurs comportent à nouveau le blanc et le noir. Du reste, les praticiens de la teinture et de la gravure en couleurs étaient déjà en faveur des « trois primitives » qui deviendront les primaires des imprimeurs et des coloristes et qui avaient déjà trouvé leur concrétisation dans les travaux de Young.

En pratique, comme dans la théorie de Young, le bleu, le vert et le rouge sont trois couleurs fondamentales dont le mélange peut donner pratiquement toutes les couleurs (fig. 8).

Si nous projetons trois cercles de lumière rouge, vert et bleu en les superposant sur un écran blanc, nous obtenons, en effet :

par superposition du rouge et du vert	jaune
— vert et du bleu	bleu-vert (cyan)
— bleu et du rouge	violet (magenta)

au centre, la superposition des trois couleurs, si le dosage est convenable, donne le blanc... *C'est la synthèse additive* (fig. 8, à gauche).

Par contre, si nous plaçons l'un sur l'autre, devant une source de lumière blanche, des filtres colorés, le résultat est différent :

— le filtre violet (magenta) et le filtre jaune superposés donnent rouge ;
— le filtre jaune et le filtre bleu-vert (cyan) superposés donnent vert ;
— le filtre bleu-vert (cyan) et le filtre violet (magenta) superposés donnent bleu.

Les trois filtres placés l'un sur l'autre arrêtant chacun leur part des rayons colorés issus de la lumière blanche donnent du noir. C'est la *synthèse soustractive* (fig. 8, à droite).

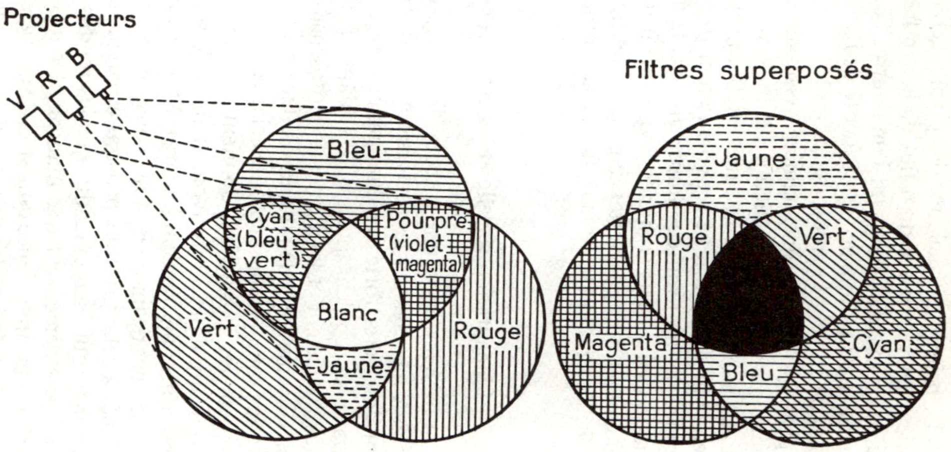

Fig. 8. — Principes du mélange additif ou soustractif.

A gauche, par superposition de projections de lumières colorées sur un écran blanc et de mélange soustractif.
A droite, par présentation de disques colorés transparents sur un fond lumineux.

Dans tous problèmes de couleur, il faut que l'esprit sache clairement s'il s'agit de synthèse additive ou soustractive. Le peintre qui mélange des pigments bleu et jaune obtient un vert parce qu'il fait de la synthèse soustractive, les pigments s'éteignant l'un l'autre. Toutefois l'impressionniste qui place l'une à côté de l'autre de fines taches de couleur les additionne.

L'éclairagiste qui envoie une lumière verte sur un panneau peint en rouge, fait encore de la synthèse soustractive. Le panneau rouge ne saurait réfléchir que le rouge ; recevant du vert, il ne renvoie rien et paraît noir. Par contre, le fabricant de lampes qui accole des produits luminescents bleus et jaunes pour obtenir une lumière blanche (et non pas verte) dans un tube fluorescent ou sur l'écran d'un téléviseur, fait de la synthèse additive.

III. — L'adaptation visuelle et les contrastes

Lorsque notre œil perçoit une couleur, il l'enregistre et en transmet le message par les nerfs optiques. Si cette vision est prolongée et forte : en luminance élevée, et grande surface, en couleur pure..., il s'adapte à elle d'autant plus facilement et les éléments photosensibles relatifs subissent une sorte de fatigue, d'effacement.

Ainsi, si nous sommes sur une route éclairée avec des lampes à vapeur de sodium qui donnent une lumière jaune monochromatique, nous avons d'abord le sentiment bien marqué d'une couleur jaune or. Mais au bout de quelques dizaines de minutes, nous nous sommes tellement habitués à cela que nous pensons être dans une lumière blanche, sauf bien entendu, que les rendus de couleur des objets demeurent très mauvais. De même, sous une lampe à incandescence qui est assez chargée en radiations de tonalité chaude, nous avons le sentiment d'une lumière blanche et nous sommes surpris du rendu des couleurs si nous avons fait une photographie en couleur sur film lumière naturelle et dans de telles conditions d'éclairage en la trouvant toute jaune. Le film ne s'est pas adapté comme le fait notre œil.

Notre œil regardant une surface colorée ne la voit donc pas de la même manière au début et au bout d'un certain temps, l'homme ne réagit pas non plus de la même manière en pénétrant dans un local coloré ou lorsqu'il s'y est habitué.

Regardons maintenant un objet coloré avec attention. Supprimons brusquement cette vision, soit en fermant les yeux, soit en supprimant la projection d'une tache lumineuse saturée dans un coloris donné, soit en détournant le regard sur un autre objet : il nous semble voir apparaître le même objet en sa couleur complémentaire. Ceci vient de la désaturation des cellules photosensibles à la couleur vue au préalable.

On pourra faire très simplement l'expérience suivante pour mettre ce fait en évidence :

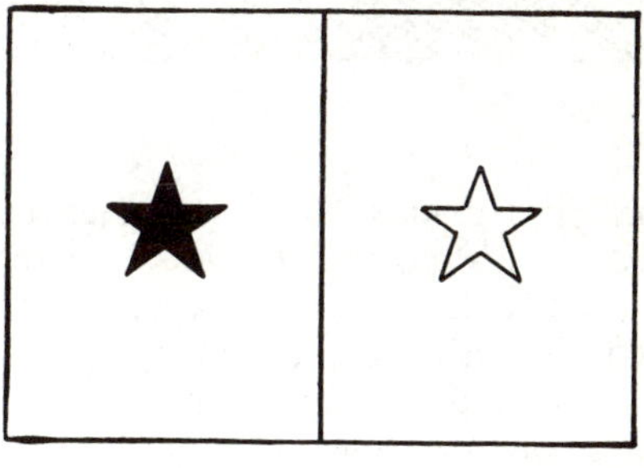

Fig. 9.

Découper une étoile dans un papier ou un tissu d'un rouge très vif. La placer sur la silhouette de gauche. Le dessin étant à 20 cm de l'œil environ, le fixer très attentivement puis, très vite, regarder l'étoile blanche de droite : au bout de quelques secondes celle-ci nous apparaîtra d'un bleu-vert bien net.

Ce phénomène est celui des contrastes successifs. Il est dû au fait que durant la vision du rouge les récepteurs verts s'étaient reposés et se trouvent exaltés par rapport aux récepteurs rouges fatigués.

Considérons maintenant un objet coloré en le plaçant sur un fond de grande surface colorée par rapport à lui. L'œil se saturant plus ou moins de la couleur de la surface de fond, l'objet nous apparaîtra bien différent. Ceci se constatera aisément par l'expérience suivante (voir fig. 10).

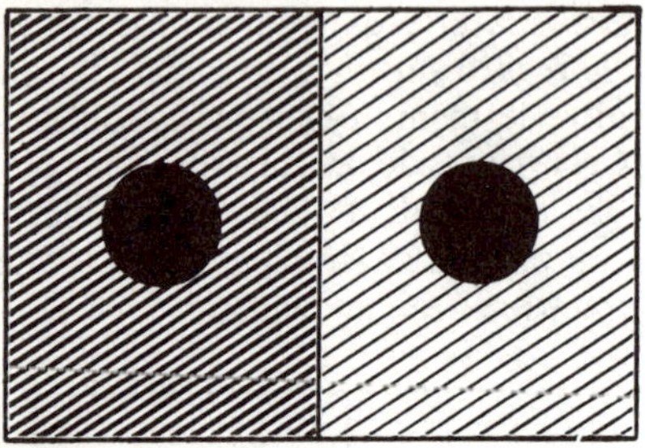

Fig. 10.

Découper deux grands carrés de papier, l'un jaune vif, l'autre d'un bleu profond. Plaçons-les côte à côte et mettons au centre de chacun d'eux une petite pastille découpée dans un même papier vert. Les pastilles colorées centrales sont absolument identiques et de même couleur, mais notre œil ne les voit pas telles. Sur le fond jaune le vert paraît plus foncé et plus bleu, il paraît plus clair et plus vert sur le fond bleu. Ce phénomène est celui des contrastes simultanés.

Ce sont des faits connus depuis longtemps et qui furent très étudiés et bien explicités par Chevreul. Ils s'expliquent par les modes d'interactions rétiniennes.

Les cellules photosensibles de la rétine ne fonctionnent pas de façon isolée ; elles se groupent en parallèle pour constituer des unités réceptrices et des cellules d'association (Y. Le Grand). Des interactions vont donc se manifester dans l'espace comme dans le temps et les physiologistes se sont donné pour tâche de les interpréter en restant au niveau de la rétine. Il existe une interaction positive qui est une aide portée à un élément récepteur par ses voisins mais, plus souvent, apparaissent des interactions négatives qui sont des inhibitions, une unité sensorielle affaiblissant ou supprimant une plus faible. Il en résulte une exagération des contrastes, c'est-à-dire des rapports de luminance entre régions contiguës du champ visuel.

Exemple : mettons côte à côte 5 plages rectangulaires orangées mais dégradées en valeur et allant de gauche à droite d'un orangé jaune clair à un orangé rouge foncé.

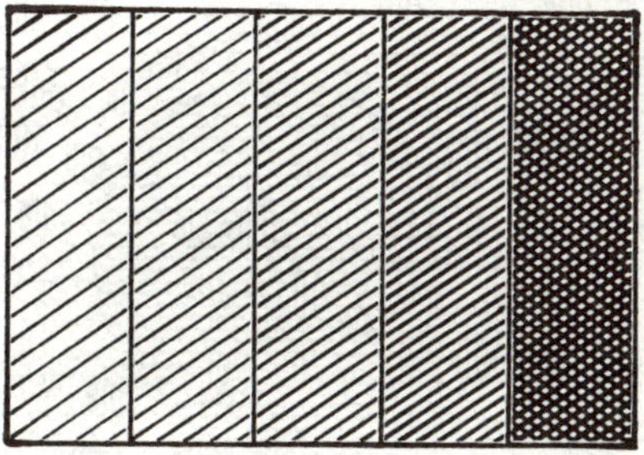

Fig. 11.

En regardant ce panneau il nous semble que chaque rectangle est coloré irrégulièrement, le côté touchant un élément plus clair paraissent plus sombre et plus saturé, et le côté touchant un élément plus sombre paraissant plus clair et plus lavé.

Les phénomènes de contraste sont très importants. Ils peuvent se mettre en évidence par des expériences, en variantes, très diverses. Quand on les réalise avec des couleurs très vives et en certaines conditions, les effets dus à l'adaptation peuvent faire place à des phénomènes d'égalisation, d'entraînement par le voisinage.

Fuchs a indiqué ce fait que l'on peut ainsi mettre en évidence. On découpe un rond bleu que l'on place sur un rectangle jaune or. Sur cet ensemble, on dispose de petites pastilles rouges : elles paraissent pourprées sur le fond bleu et, au contraire, un peu plus oranges sur le fond jaune.

Pour bien observer ce phénomène, il faut que les couleurs à modifier apparemment soient petites, le fond assez grand et très pur et qu'il n'y ait aucun contour entre la figure et le fond provoquant l'entraînement. Il faut aussi qu'il n'y ait pas une trop grande différence de luminance entre les divers éléments.

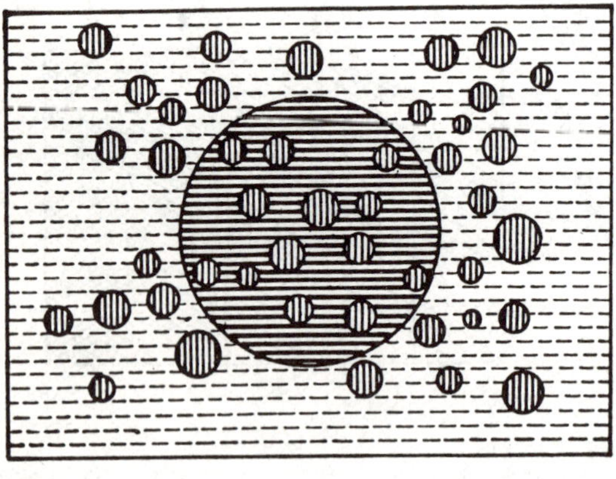

Fig. 12.

IV. — **Aberration chromatique**

Notre œil est capable de se mettre au point de lui-même sur une image dans des limites relativement étendues. Toutefois, dans une image colorée, le plan de formation d'une image nette à partir de l'optique constituée par le cristallin ne se fait pas exactement au même endroit pour les diverses longueurs d'ondes. Ceci est l'aberration chromatique.

Une expérience permet de la mettre en évidence. Plaçons une lampe électrique dans un boîtier que nous fermons par un couvercle ouvert d'un petit trou de quelques millimètres de diamètre muni d'un verre pourpre au cobalt. Dans une salle de conférence assez grande, il est facile de faire cette expérience. On demandera aux spectateurs du fond la couleur qu'ils perçoivent. La plupart diront rouge ; quelques autres bleu. Ceux du premier rang se récrieront alors qu'il s'agit d'un violet.

En fait, il s'agit d'une image pourpre où se superposent une image rouge et une image bleue. De loin, c'est-à-dire sous un petit angle de vision, l'aberration chromatique joue et l'on voit une image nette bleue bordée de rouge ou, plus souvent, une image rouge bordée de bleu ou de violet, selon l'accommodation. De plus près, selon un angle plus large, les deux images se superposent en donnant une sensation globale violette ou, plus exactement, pourpre.

A l'aberration chromatique située dans l'axe de la vision se joint l'aberration sphérique. Celle-ci résulte de ce que les rayons marginaux qui passent près du bord de la pupille ne viennent pas couper l'axe au même point que les rayons centraux. Il existe aussi des irrégularités dues à l'hétérogénéité des milieux de l'œil.

D'une manière générale, l'œil qui regarde au loin se met au point sur le jaune ou le rouge. Quand il regarde de près, il se met au point dans le bleu afin de profiter de la myopie relative aux faibles longueurs d'onde pour économiser sur les efforts d'accommodation.

V. — Couleurs saillantes ou fuyantes

Si l'œil s'efforce à l'accommodation, il pourra imposer une mise en place apparente à l'objet coloré. Plaçons sur une feuille bleu-vert de petits cœurs rouges. Regardons-les attentivement : ils semblent flotter au-dessus du fond. Autrement dit le rouge nous paraît plus près, le bleu-vert plus loin.

Ainsi existe-t-il des couleurs saillantes, ce sont les couleurs chaudes, le rouge, l'orangé, qui paraissent se rapprocher et qui font paraître un local ainsi traité plus petit avec un sentiment d'intimité. Il existe par ailleurs des couleurs fuyantes, le violet pur (et non le pourpre), le bleu, qui paraissent s'éloigner et qui font prendre à un local ainsi traité une apparence plus grande avec un sentiment de calme, de profondeur.

VI. — Rendu des couleurs

La couleur, fille de la lumière, n'a de sens que par celle-ci qui en transmet le message. Ceci est vrai dans la subtilité même des teintes. Un paysage change constamment d'aspect en fonction de l'heure du jour, c'est-à-dire de la hauteur du soleil, de l'état de l'atmosphère et des phénomènes de diffraction ou de diffusion qui se manifestent. En lumière artificielle, l'aspect d'un objet peut être très différent selon la nature de la source. L'éclairage incandescent chargé de radiations chaudes et pauvre en radiations froides exalte les rouges et les orangés, mais grise et affaiblit les bleus. Un éclairage fluorescent permet de retrouver une lumière blanche, mais celle-ci impose des teintes diverses, plus ou moins réchauffées, pour tenir compte des faibles niveaux d'éclairement qui interviennent alors en comparaison de ceux de la lumière naturelle du jour.

Trois expériences vont nous permettre d'illustrer trois règles fondamentales :

1. **Deux lumières peuvent paraître identiques et avoir des effets différents.** — C'est ainsi que sous une lampe fluorescente de type Blanc Super destinée, avec un grand rendement lumineux, aux éclairages industriels, des coloris délicats (viandes, coquillages, visages...) peuvent être déformés, alors que la nuance Blanc Brillant de Luxe, où l'on a étudié l'équilibre des couleurs aux dépens d'une légère perte de rendement, les donne beaucoup mieux. Pourtant ce sont deux lumières blanches qu'on ne peut guère distinguer quand elles éclairent des surfaces neutres.

On peut préciser cette règle en disposant un cercle coloré tournant au fond d'une boîte séparée en deux compartiments. L'un de ces compartiments est éclairé en lumière monochromatique avec une lampe à vapeur de sodium. En cet éclairage toutes les couleurs disparaissent ; il ne se manifeste que des contrastes allant du jaune au noir. L'autre compartiment est éclairé par la lumière d'une lampe à incandescence filtrée par des verres jaunes au cadmium que l'on règle pour avoir une lumière jaune semblable à la précédente, mais sous laquelle on discerne bien les rouges et les verts car la bande passante est assez large pour intéresser ces régions. Par contre, dans l'une ou l'autre de ces lumières on distingue mal le jaune du blanc et le bleu y apparaît également noir.

2. **Deux corps peuvent nous apparaître semblablement colorés dans une lumière déterminée** et – ayant des spectres de réflexion différents – *se différencier dans une autre lumière* : c'est ce que l'on appelle le métamérisme.

Il est facile de se procurer des couleurs métamères ayant, par exemple, le même aspect dans la lumière moyenne du jour naturel ou sous des lampes fluorescentes du type Lumière du Jour, et se différenciant bien, au contraire, sous la lumière d'une lampe incandescente.

3. **L'aspect coloré ne dépend pas seulement de la nature de la lumière, mais aussi de sa quantité.** — En dehors même de l'effet Purkinje, la vision à des niveaux d'éclairement faibles, au-dessous d'une centaine de lux, par exemple, conduit à des effets apparents de bleuissement ou de verdissement de certaines couleurs.

De même, les courbes de seuil différentiel de la vision, déjà très différentes selon les individus, sont fortement influencées par le niveau d'éclairement.

Pour bien voir une couleur sur le plan de l'échantillonnage, il faut un éclairement bien déterminé dont la valeur varie du reste avec le niveau d'éclairement et que Miss Dorothée Nickerson, après des études statistiques très poussées, situe à environ 2 250 lux à 9 400° K pour un ciel clair, 2 100 lux à 8 850° K en ciel micouvert, 3 300 lux à 6 500° K en ciel couvert ou les analogues en lumière artificielle.

Pour voir correctement des couleurs fines dans un magasin, sur un tableau..., il faut avoir un éclairement minimum de plusieurs centaines de lux.

Un éclairement trop fort peut affaiblir la saturation d'une couleur. Un éclairement trop faible, au contraire, agit comme un matage en noir de la couleur. Ainsi, considérons une orange et une barre de chocolat, disposons-les dans une boîte à double compartiment et assurons la vision d'une partie seule des objets. Demandons à un observateur de situer le côté orange et le côté chocolat. A même éclairement il ne se trompera évidemment pas, mais si l'on éclaire fort le chocolat et peu l'orange on peut facilement inverser l'apparence. L'orange paraîtra brune et le chocolat orange.

VII. — **Équilibre des illuminants**

Pour un examen facile des plages colorées, celles-ci doivent être éclairées par une lumière bien équilibrée.

Il a été établi que celle-ci sera préférentiellement celle qui correspond à une température de couleur de 5 000° K. C'est celle qui a été choisie par les normes ISO internationales et par les normes de plusieurs pays, dont la France, pour l'examen par réflexion des photographies en couleur ou des reproductions dans les arts graphiques, pour l'examen par transparence des diapositives et pour l'examen comparatif d'une diapositive et de ses reproductions.

VIII. — **Mobilité des objets et latence**

Notre œil ne perçoit pas un message d'une manière instantanée. Il lui faut, pour capter un message, un certain temps qui varie avec le contraste et avec l'éclairement.

Ainsi, si l'on porte sur un cylindre des lettres noires sur fond blanc, et que l'on fasse tourner ce cylindre à vitesse constante, on a l'impression qu'il tourne plus vite lorsque l'éclairement est élevé. Ceci vient de ce que nos yeux voient plus vite les détails à l'éclairement élevé. Mais, de la même manière, la latence, ou retard à la mission de captation de l'œil, dépend aussi de la couleur, car elle n'est pas la même pour les trois types de cellules. La latence est plus courte pour le rouge que pour le bleu.

Reprenons l'exemple des couleurs saillantes avec les cœurs rouges sur un fond bleu. Si on agite ce dessin il nous semble, par effet différentiel de latence, que nos cœurs rouges glissent sur le fond (expérience dite des cœurs flottants de Helmholtz).

C'est aussi par des différences de latence que l'on peut expliquer l'apparition de couleurs subjectives sur des éléments noir et blanc animés comme dans le toton de Fechner (1838) repris et aménagé par Benham (1894)[1].

IX. — **Anomalies de la vision**

Jusqu'ici nous n'avons considéré que la vision normale, selon un œil moyen. En fait, la vision peut différer sensiblement d'un individu à l'autre, et même, pour un même individu, en fonction de son état physiologique. L'ingestion de certaines drogues peut provoquer des troubles visuels allant du déplacement des seuils jusqu'à de véritables illusions colorées telles celles provoquées par le peyotl ou cactus sacré des Indiens, ou certains champignons hallucinogènes étudiés magistralement par le Pr Heim de Balzac.

Il est, par ailleurs, nombre de personnes dont la perception chromatique s'éloigne plus ou moins de celle de la moyenne. Ce n'est qu'à la fin du XVIIe siècle que fut signalée l'existence de ces anomalies de la vision des couleurs. Un siècle plus tard le célèbre chimiste Dalton, en analysant son propre cas, inaugura l'étude ration-

1. E. Baumgardt, *La vision,* « Que sais-je ? », n° 528.

nelle de ces anomalies, d'où le nom de daltonisme que l'on a *donné* aux déficiences les plus marquées. En fait celles-ci sont, par ordre de gravité croissante, le *trichromatisme anormal,* le *dichromatisme* et l'*achromatopsie.*

Dans le trichromatisme anormal l'individu conserve les trois attributs de valeurs colorées : la tonalité, la saturation et la clarté, mais la courbe spectrale de son sens visuel s'écarte de la moyenne. En général, c'est surtout dans les couleurs chaudes (orangé et rouge) que se manifestent les déviations et qu'il y a déficience.

Chez le dichromate, deux variables seulement interviennent dans le monde coloré. Le plus souvent c'est le jaune et le bleu. Le jaune rassemble alors le rouge, l'orangé, le jaune et le vert-jaune des sujets normaux. Le bleu-vert est vu grisâtre, de même que certains pourpres. Le bleu est vu à peu près normalement. Si le sens des clartés est à peu près normal on a un *deutéranope,* s'il est déficient on a un *protanope.* Dans l'achromatopsie on a cécité totale des couleurs. L'univers est alors celui du cinéma en noir et blanc.

Ces anomalies chromatiques, souvent congénitales et parfois temporaires, sont aujourd'hui bien établies. Elles ont été l'objet de travaux importants, entre autres, du Dr Philippe Lanthony. Le contrôle en est utile, et même parfois nécessaire, en bien des activités professionnelles.

X. — **Synesthésies et correspondances sensorielles**

Il est aujourd'hui admis que des stimuli reçus par l'oreille (auditifs), voire par le nez (odorat) ou la bouche (goût), et même par le toucher, peuvent se traduire par des sensations visuelles et plus spécialement la couleur. Il existe aussi des phénomènes réversibles du même ordre.

Lorsqu'ils sont intuitifs, ces phénomènes portent le

nom de synesthésies et sont, le plus souvent, caractéristiques des sujets. Il est donc impossible d'en tirer des règles générales. C'est de surcroît un phénomène rare.

Par contre beaucoup de personnes peuvent faire des relations sur des bases affectives et lorsque cela devient statistiquement régulier l'on peut en tirer des relations plus générales. C'est ainsi que l'odeur éthérée évoque le bleu, ou que le goût de menthe évoque le vert. Il a été tenté de réaliser de véritables spectres colorés des odeurs et des goûts qui trouvent déjà des emplois dans la publicité, le choix d'une couleur pour un emballage ou pour la réalisation d'une ambiance où l'on pourra associer par exemple un coloris et une odeur.

Ces correspondances expliquent dans une certaine part les curieuses constatations faites jadis par Farigoule (*alias* Jules Romain) sur une vision extra-rétinienne qu'il désignait comme paroptique et, plus récemment, par des savants russes et en France par Yvonne Duplessis, sur des sensations dermo-optiques et des réactions de sujets aux couleurs en dehors du sens visuel, voire chez des aveugles[1].

Des travaux parallèles sont poursuivis également en divers pays, notamment au Canada et de curieuses anomalies ont été signalées, par exemple un jeune sujet Chinois percevant des couleurs par les oreilles.

Surprenant pour certains, ces faits le sont moins pour un neurologue averti ou pour un biologiste au courant des travaux du Pr J. Benoit attestant du rôle de la lumière orangée sur les fonctions sexuelles du canard, ou autres oiseaux, même si le nerf optique est coupé.

1. Une Commission d'étude des effets dermo-optique travaille au sein du Centre d'Information de la Couleur sur ces problèmes ; un ouvrage : *Les couleurs visibles et non visibles,* Monaco, Le Rocher, 1984, publié sous la direction de Yvonne Duplessis, en fait le point actuel.

Chapitre V

LE POUVOIR DES COULEURS

I. — Caractères psychiques des couleurs

Il existe un monde des couleurs comme il existe un monde des formes et, du reste, nous vivons naturellement dans un monde coloré et notre être en reçoit les manifestations comme un miroir, s'en pénètre et réagit instinctivement en conséquence.

Nous savons qu'un angle vif est susceptible de nous choquer dangereusement, qu'une boule roule, tandis qu'un cube posé demeure stable. Ceci paraît simple et évident. Pourquoi ne paraît-il pas aussi simple et naturel de penser qu'une nuance terne ou brune évoque la monotonie ou la tristesse, qu'une caisse claire de mêmes dimensions et de même poids qu'une caisse sombre paraîtra moins lourde. Pourtant l'esprit se refuse à admettre d'emblée une telle assertion comme une idée absolue ou une évidence. De nombreux exemples sont là pourtant pour le démontrer : l'essor remarquable des applications pratiques des couleurs d'ambiance et des couleurs fonctionnelles en fournit une preuve éclatante, où les observations ont pu se multiplier.

1. **Rôle psychologique.** — La couleur, celle de la lumière surtout, joue un rôle psychologique considérable. Ne parlons pas des caméléons, des grenouilles et autres animaux qui manifestent clairement leur répul-

sion ou leur affinité pour certaines couleurs ; laissons aussi sous silence les emplois souvent préconisés de certaines lumières colorées en thérapeutique.

Il n'est pas douteux toutefois que la lumière rouge, par exemple, est excitante et l'on connaît bien les faits qui se manifestèrent jadis dans certaines usines de produits photographiques où l'on travaillait en lumière rouge, troubles qui disparurent lorsque la lumière rouge fut remplacée par une lumière verte.

On cite également des cabines téléphoniques peintes intérieurement en rouge et qui attirent, puis repoussent, ce qui a augmenté sensiblement le nombre des utilisateurs.

Certains chercheurs, aux États-Unis, se sont demandé si les sensations de chaleur étaient purement physiologiques ou si elles étaient un effet psychologique dérivant de la réaction physiologique résultant elle-même des effets métaboliques de production de chaleur. L'expérimentation a montré qu'aucune corrélation n'existait clairement entre la sensation de chaleur et la sensation de couleur de l'ambiance dans les limites habituelles de confort. La sensation de froid ou de chaud existe, mais cela hors de toute modification thermique de l'individu. Lorsque l'on peint en bleu un local, une chaufferie par exemple, on lui confère une impression de fraîcheur qui est purement psychologique. De même on a pu vaincre la sensation de froid qui se manifeste dans des vestiaires, des lavabos, par l'usage rationnel de coloris chauds.

Les tests psychologiques ont montré aussi d'intéressants phénomènes en ce qui concerne les « préférences des couleurs », qui varient selon l'âge plus que selon le lieu géographique. Le bleu occupe à cet égard une place privilégiée. Vient ensuite, mais beaucoup plus discuté, le rouge. Les couleurs jugées le plus souvent désagréables sont le violet et le vert. Lorsque l'on passe aux nuances on note parmi les préférences les plus fré-

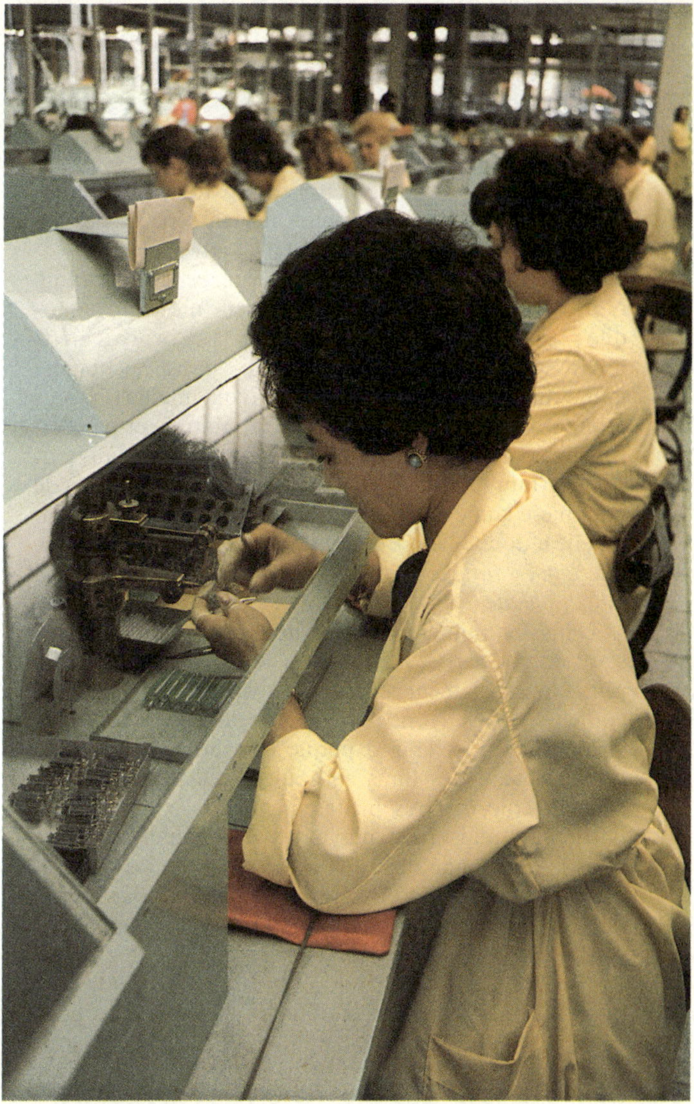

Photo 4. — Ambiance en vert clair et chamois de même facteur de réflexion dans une mise en couleurs fonctionnelles de travail industriel (Ateliers CIFTE Courbevoie).

quemment manifestées des tons clairs : bleu ciel, rose... et parmi les nuances jugées souvent désagréables, des coloris très intermédiaires comme le vert-jaune ou sombres comme le brun.

2. **Rôle physiologique.** — Les problèmes physiologiques de la vision des couleurs sont extrêmement complexes et parfois bien difficiles à bien séparer des aspects psychologiques, ou même physiques.

L'adaptation, par exemple, est à placer en bon rang. Notre œil s'adapte bien à une couleur monochromatique ; ceci explique que l'acuité visuelle se trouves en de telles conditions, favorisée. Ainsi, dans la lumière jaune du sodium, l'œil se trouve avoir une acuité plus grande. Par contre, par manque d'habitude et par l'effort d'accommodation, l'œil fatigue davantage au bout d'un certain temps. Ainsi s'expliquent les anomalies de la lumière jaune et les nombreuses discussions auxquelles elle a donné lieu. En réalité, l'on peut dire que *la lumière qui « fatigue » le moins, à éclairement égal, est la lumière blanche*.

Dans les lumières composites, cependant, l'œil ne s'accommode pas, c'est-à-dire « ne se met pas au point », exactement et simultanément sur plusieurs couleurs. Nous avons parlé à cet égard de l'aberration chromatique. Celle-ci explique certaines réactions du public devant des films en couleur où les images paraissent colorées très brutalement. Ces couleurs sont naturelles, mais l'œil n'ayant pas le temps, comme dans la nature, de regarder successivement les diverses plages colorées, se trouve heurté et choqué parce qu'il ne peut tout accommoder simultanément comme l'esprit le désirerait.

Ceci montre bien le rôle pratique fondamental des observations sur les effets de la couleur dans les lieux de repos ou de plaisir, de détente ou de travail.

II. — La couleur fonctionnelle et les ambiances

Le rôle psychologique des couleurs joint à leurs caractères physiques est largement utilisé aujourd'hui pour créer des ambiances de travail appropriées dans les usines.

A titre d'exemples, les couples de couleurs recommandées pour peindre l'intérieur des ateliers sont les suivants :

Murs	*Machines*
Chamois clair	Vert clair
Beige crème	Bleu-vert clair
Ocre-jaune pâle	Bleu clair

En particulier, la couleur chamois clair pour les murs pourra éventuellement être mise en œuvre avec deux ou trois degrés de « clarté » différents. Elle assure un ensemble gai et dynamique.

On notera aussi l'intérêt de réaliser des sols ou des planchers clairs et en harmonie avec les murs et les plafonds. La couleur et la clarté du sol, qui représente une large surface, doivent participer aux ambiances.

La lumière et la couleur, éléments indissolubles, font aujourd'hui l'objet de recherches approfondies dont on conçoit dès lors l'intérêt fondamental. En fait, une bonne mise en couleur d'un lieu de travail doit résulter d'une étude où l'architecte et le décorateur, l'éclairagiste et le coloriste, doivent intervenir.

Il en va de même dans les bureaux où l'on pourra rechercher une ambiance accueillante, intime, dynamique, avec des tons chauds ou, au contraire, un aspect apaisant et équilibrant vert, selon le genre de travail, le lieu, l'orientation... Les machines à écrire, les téléphones... en harmonie de couleur auront de plus en plus leur place avec la disparition des gris et des noirs, si peu esthétiques et désagréables.

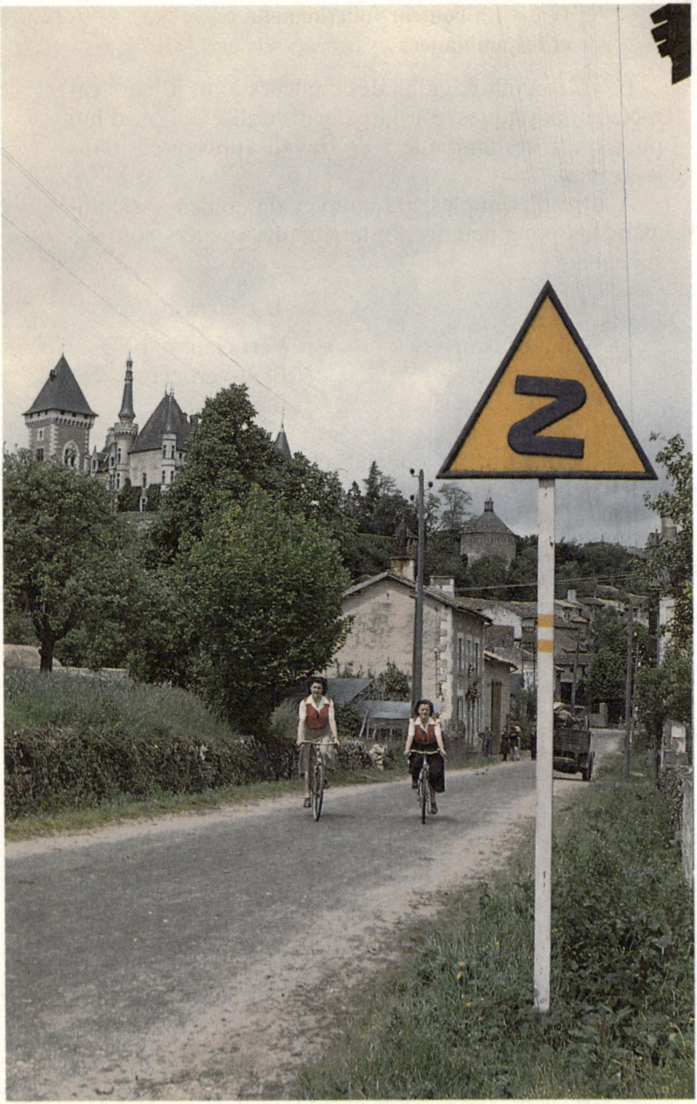

Photo 5. — La couleur en signalisation routière ; jaune = danger.

Dans les magasins et lieux de vente on utilise également avec profit les lois de la mise correcte en couleur des lieux, des marchandises, de leurs emballages. Dans la maison même, la maîtresse de maison, avec le concours du décorateur et de l'éclairagiste, peut apporter plus de confort et de bonheur de vivre par une bonne distribution conjuguée et harmonisée des couleurs.

C'est toutefois par l'essor logique et bien étudié des couleurs fonctionnelles dans l'industrie qu'ont pu être établies les lois logiques de l'usage des couleurs vis-à-vis de l'être humain, cependant que d'importants congrès internationaux ont permis l'usage des couleurs pour l'être humain[1].

III. — **Les couleurs de signalisation**

Grâce à des mises en couleur rationnelle l'on pourra utiliser au mieux les couleurs de signalisation qui peuvent et doivent rendre de très réels services dans le cadre de la facilité du travail et de la sécurité.

N'oublions pas que c'est en France, grâce à l'AFNOR, que furent établies les premières signalisations de ce genre pour marquer les tuyauteries, les récipients d'air comprimé, les conducteurs électriques. Une normalisation internationale qui s'est appuyée très largement sur la norme française fournit un code d'usage pratique pour l'industrie. Les couleurs de base de sécurité y sont limitées à trois :

Jaune	Danger
Rouge	Arrêt absolu, matériel d'incendie
Vert	Voie libre, postes de secours.

Le blanc et le noir pour les tracés de parcours et le bleu pour attirer l'attention, sont indiqués comme cou-

1. M. Déribéré, *La couleur dans les activités humaines,* Dunod ; J. Fillacier, *La pratique de la couleur,* Dunod ; travaux de Friehling en Allemagne, Wilson aux États-Unis, etc.

leurs d'emploi secondaire. On admet aussi, très universellement, le code lumineux rouge-orangé-vert sur les voies publiques. Bien d'autres codes colorés sont adoptés en des domaines très divers.

IV. — Le pouvoir des couleurs

Les couleurs peuvent jouer un rôle considérable dans notre vie. Elles nous entourent, leur harmonie ou leur disparité crée autour de nous un cadre agréable ou désagréable ; elles agissent sur notre esprit, sur notre état d'âme. Goethe le savait bien, qui avait magnifié ce rôle intime de la couleur sur l'individu, et aussi Wagner, qui ne composait bien que dans le rouge, et bien d'autres. L'on a même, en diverses occasions, tenté de démontrer que les couleurs pouvaient agir sur l'individu en dehors de son sens visuel et se manifester par des sens tactiles. L'on a aussi fait des liaisons entre les sons et les couleurs, parfois osées ou fantaisistes, mais qui se manifestent néanmoins par la synesthésie par laquelle certaines personnes sont plus ou moins sensibles à une association où des sonorités (prononciation de voyelles, par exemple) évoquent des couleurs.

La vertu et le pouvoir des couleurs, maintes fois étudiés et décrits, ne sont certes pas méconnus de tous. D'aucuns même en ont si fortement exagéré les caractères qu'une certaine suspicion s'est manifestée. Pourtant l'on peut retenir en grandes lignes des caractères marquants qui seront par exemple :

1. **Le rouge.** — C'est la couleur chaude par excellence. Elle est dynamique, brutale, exaltante jusqu'à l'énervement. C'est la couleur guerrière, celle de l'amour vainqueur, elle s'impose sans discrétion. Elle peut être discutée, et elle doit l'être, mais elle figure en bon rang dans le choix des préférences les plus manifestes où elle occupe le second rang, de peu, derrière le

bleu. C'est une couleur qui est souvent préférée des enfants, des primitifs. Délicate à manier, mais extrêmement intéressante pour jouer son rôle dans un cadre que l'on veut chaud, seyant, accueillant. C'est la couleur saillante par excellence.

2. **L'orange.** — C'est encore une couleur très chaude, intime, accueillante, saillante. Moins brutale, mais très vive. Elle évoque naturellement le feu, le soleil, la lumière, la chaleur. C'est une couleur physiologiquement active et capable de faciliter la digestion. Nous ne conseillons certes pas de faire les repas dans une lumière orangée, mais les convives placés devant un décor orangé, après le repas, s'en trouveront fort bien.

3. **Le jaune.** — Lumineux, digne, évoquant la richesse matérielle comme celle de l'esprit, et la domination, le jaune sera très différent selon qu'il est jaune or, encore actif, ou jaune verdâtre et pâle, se rapprochant déjà de l'équilibre du vert.

4. **Le vert.** — Il est des nuances bien diverses de vert : le vert vif, pur, est essentiellement équilibrant sur le plan nerveux. C'est pour cela que l'on fait les tables de jeux, les tables de billard, les tables de conseils d'administration... en vert. Ceci était reconnu bien avant que la science actuelle ait pu l'expliquer par des mesures de tension sanguine et de tension nerveuse.

5. **Le bleu.** — Le bleu est la couleur froide par excellence, c'est aussi la couleur fuyante. Le bleu est calme, reposant, voire un peu soporifique. Ce sera la couleur de la chambre de repos, du coin de relaxation. Sa vision généralisée donne une sensation de fraîcheur, c'est pour cela que l'on peint en bleu les chambres de chauffe dans les usines, les centrales ou les navires. Un local bleu évoque l'espace, l'air, la mer, et paraît agrandi.

6. **Le violet.** — Le violet, s'il était pur, serait une couleur froide mais, le plus souvent, peintures ou textiles, fleurs ou éléments de décor, que l'on dit violet, sont en réalité des mélanges de violet et de rouge, ou de bleu et de rouge, c'est-à-dire que ce sont des pourpres où les éléments constituants se détruisent mutuellement.

Bien qu'ils aient le même aspect visuel, un pourpre et un violet agissent différemment sur nos sensations, ce qui est une preuve de ce pouvoir manifeste des couleurs.

Bien entendu, dans la pratique, l'on n'utilise guère des coloris purs et il est coutumier aussi de les mélanger. Le problème devient alors plus complexe. En fait, la réalisation d'un décor coloré doit partir des connaissances générales que nous venons de schématiser, mais elle doit ensuite tenir compte de l'harmonisation des couleurs entre elles, ainsi qu'avec la lumière qui permet à nos yeux d'en recevoir le message.

Ainsi, dans un décor que l'on recherche frais et reposant, on utilisera un bleu bien rendu en éclairage blanc fluorescent que l'on pourra rompre d'un jaune-or complémentaire en surfaces assez restreintes pour rehausser le bleu sans contrarier son rôle psychologique.

V. — Les lumières colorées

Les lumières colorées permettent d'obtenir les effets les plus intenses, aussi conduisent-ils à des effets physiologiques possibles. Cela fut utilisé en chromothérapie, mais avec des excès à l'origine qui furent causes d'un déclin de ces procédés.

Repris avec plus de discrétion et de savoir, ils reprennent des usages divers qui s'étendent aux cabines des Instituts d'Esthétique, par exemple, pour massages faciaux en lumière rouge qui facilitent la circulation sanguine dans les couches superficielles.

Des usages thérapeutiques paraissent avec la chromatothérapie du D^r^ Ch. Agrapart et de son école, ou dans le traitement de l'ictère prénatal en lumière bleue destructrice de la bilirubine (Cremer, Dr A. Sender...).

Des travaux récents où s'associent des architectes, comme G. Senior, et des thérapeutes, comme les Drs Déoux, Guérin, Cormont, Jacques Senior... œuvrent pour une thérapie nouvelle et une géobiologie de l'habitat où la couleur devient partie prenante.

Notons aussi la possibilité, souple et efficace, de mettre un local (habitat ou salle de spectacle) en couleur en le revêtant de gris neutre clair et en l'éclairant en lumières colorées, ce qui permet des changements rapides et spectaculaires.

Chapitre VI

SYMBOLISME ET LANGAGE DES COULEURS

I. — Les civilisations antiques

De tout temps l'homme, ressentant plus ou moins confusément le pouvoir du message des couleurs, a associé celles-ci à des concepts, à des sentiments, à des signes, et a été jusqu'à créer, parfois, un véritable langage des couleurs que connaissent même, d'autres manières, certains animaux.

Déjà aux époques préhistoriques le rouge, rattaché au mythe du feu et de la vie, était utilisé dans des rites funéraires. Dans des peuplades primitives de divers lieux, on retrouve encore l'association, venue du fond des âges, de couleurs avec les points de l'horizon. Les Chaldéens donnaient à leurs Ziggurats des couleurs différentes pour chaque étage, et en liaison avec un symbolisme étroit. Dans l'Égypte ancienne, le symbolisme des couleurs est très évolué. Le rouge est le feu et l'amour, mais s'il s'agit du feu souterrain impur de Typhon, c'est un brun où le rouge se mêle de noir. Le vert est associé à l'espérance et au premier degré de la régénération spirituelle ; le bleu à l'air et à la sagesse, c'est un saphir qui sert d'attribut au grand prêtre.

Tout cela se retrouve et s'amplifie dans l'ancienne Grèce et à Rome. Zeus-Jupiter porte un manteau bleu ou rouge, c'est le ciel ou le feu ; Dyonisos-Bacchus porte le rouge et a pour emblème le vin de même couleur, images du sang et de l'ivresse qui excite la combustion vitale. Le vert est consacré à Vénus et à l'espérance. Mais la marque des couleurs passe aussi dans le domaine public. Les empereurs se réservent l'usage de la pourpre, symbole de leur pouvoir, et punissent de mort ceux qui ne respecteraient pas cette prérogative.

II. — Les religions

Dès les premières époques de la civilisation, lorsque les hommes se penchèrent vers les mystères de leur destinée et puisèrent quelque réconfort dans les religions, tout un symbolisme de la couleur prit naissance.

Dans une vie de saint Patrick, écrite au Ve siècle, on peut lire :

« Moïse plaça dans la chasuble d'Aaron, qui était grand prêtre de la loi, huit couleurs... qui sont mystères et figures..., on doit les retrouver dans nos chasubles. Quand le prêtre regarde le jaune, il comprend que son corps est seulement argile et poussière : aucun orgueil ne doit naître en son cœur. Le bleu lui ordonne d'éloigner de son esprit les vices du monde.

« Le blanc, semblable à la couleur du cygne, est symbole de chasteté. Le vert rappelle à l'officiant que, mort, il sera mis en terre. Le brun lui enseigne qu'infidèle à ses devoirs il sera puni dans l'enfer. Le rouge évoque les plaies du fils divin crucifié. Le noir marque l'obligation de pleurer sur ses péchés. Le pourpre évoque gloire et majesté célestes... »

Toutefois, chaque religion eut ses « couleurs » de symbole et il y eut vite quelque confusion ; aussi, au IXe siècle, y eut-il une sorte de normalisation que, vers l'an 1200, le pape Innocent III rendit officielle pour le monde chrétien. Les cinq couleurs liturgiques sont :

— le blanc, image de la pureté et de la lumière, exprime la joie, l'innocence, le triomphe, la gloire, l'immortalité ; il est employé aux fêtes du Seigneur, de la Vierge, des saints anges et des confesseurs, dans les cérémonies nuptiales ;
— le rouge, signifie feu et sang, amour divin ; il est porté aux fêtes de l'Esprit Saint, allumant la flamme du divin amour, et aux fêtes des Martyrs, pour la Passion et la Pentecôte ;
— le vert symbolise l'espérance, les biens à venir, le désir de la vie éternelle ; c'est la couleur propre de l'année ecclésiastique et le grand nombre des fêtes, seul, est la raison pour laquelle

on ne le porte qu'à certains dimanches précédant la Pentecôte ;

— le violet, insigne de pénitence, est employé en Avent, en Carême, aux Vigiles et aux Quatre-Temps, Septuagésime et Rogations ;

— le noir, enfin, couleur de deuil, est réservé aux messes des morts et au Vendredi Saint.

Outre les cinq couleurs liturgiques, il faut encore citer le jaune, employé pour la fête de Saint-Joseph, et le bleu, couleur du ciel, adopté pour les fêtes des anges et qui a été utilisé parfois dans le passé par les prêtres dans les cimetières (comme emblème des cieux). Ces couleurs viennent en droite ligne des traditions anciennes. Ce sont celles données par Dieu à Moïse et la désorganisation causée au Moyen Age par les gens d'église qui mêlèrent leur fantaisie et leur goût au rigorisme ancien sur ce sujet fut la seule cause de la nécessité d'une réglementation.

Dans l'Église grecque, il fut utilisé seulement deux couleurs, le rouge étant la couleur du Carême. L'Église arménienne donne moins de signification aux couleurs. Par contre, l'Église anglicane continue la tradition de Sarum qui est : le rouge, l'or, le bleu, le pourpre et le blanc étant les couleurs de base :

Rouge	charité, martyrs pour la Foi
Or	gloire, puissance
Safran	les confesseurs
Vert	foi, immortalité, contemplation
Vert pâle	baptême
Bleu	espoir, amour des œuvres divines, sincérité, piété
Bleu pâle	paix, conscience, prudence chrétienne ; amour du beau
Violet	pénitence (en relation avec les images des saints)
Pourpre	dignité de la justice, royauté
Rose	martyrs
Blanc	chasteté, innocence, pureté
Gris	tribulations.

Le symbolisme religieux des couleurs, à peine esquissé ici, se répercute naturellement dans toutes les religions, et en diverses traditions, avec de multiples variantes.

III. — **L'héraldique**

Le langage des couleurs issu de leur symbolisme, et rattaché étroitement à celui-ci, a eu une grande importance en héraldique où il a imprimé, durant des siècles, une marque profonde non seulement en ses usagers, obnubilés par leurs « couleurs » propres, mais surtout par le peuple dont l'esprit critique pouvait jouer plus librement. L'origine des armoiries se perd dans la nuit des temps et découle de très vieilles traditions utilisant des emblèmes ou « armes parlantes ». Elles prirent une singulière valeur au Moyen Age où les chevaliers bardés de fer n'avaient guère que ce moyen de se reconnaître dans les mêlées.

En héraldique on utilisait en fait cinq couleurs principales ou « émaux » et d'autres couleurs dites de figuration. Les couleurs principales sont (fig. 13) :

— *azur,* qui est le bleu et non pas un bleu ciel clair, comme on le pense parfois communément, ni même le bleu azural, mais bien un bleu roi, un bleu cobalt (pur, sans violet) ;
— *gueules,* qui est le rouge vif ;
— *sinople,* qui est un vert franc ;
— *pourpre,* qui n'est pas le violet, mais bien le vrai pourpre du physicien et du coloriste, c'est-à-dire un mélange de violet ou de bleu et de rouge ;
— *sable,* qui est le noir.

A côté de ces couleurs de base on trouvera les métaux :

— *or,* figuré non par un jaune mais le plus souvent par l'application du métal ;
— *argent,* qui est tantôt l'application de métal, tantôt tout simplement le blanc.

On trouve encore :

— *carnation,* de nuance rose clair, peu utilisé d'ailleurs ;
— *sanguine,* qui est un rouge sombre ;
— *aurore* ou *orange,* qui est un orange vif ;
— *tanné,* qui est un brun.

Email	Couleur	Représentation	Symbolisme
Azur	**Bleu**	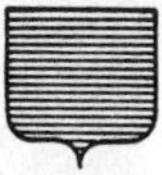	**Loyauté. Justice. Fidélité. Joie. Bonne réputation. Noblesse.**
Gueules	**Rouge**		**Amour. Hardiesse. Vaillance. Courage. Colère. Cruauté.**
Sinople	**Vert**		**Honneur. Courtoisie. Civilité. Espérance. Vigueur. Joie.**
Pourpre	**Pourpre**		**Foi. Dévotion. Tempérance. Chasteté.**
Sable	**Noir**	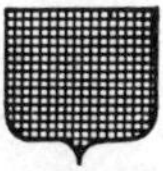	**Deuil. Affliction. Constance dans la tristesse. Sagesse. Sciences. Prudence.**
Or	**Doré**	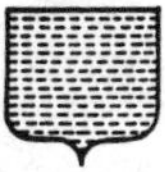	**Sagesse. Amour. Foi. Vertus chrétiennes. Constance.**
Argent	**Blanc**		**Pureté. Innocence. Vérité. Espérance. Félicité.**
Aurore	**Orange**	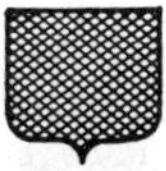	**Instabilité. Dissimulation. Hypocrisie.**
Tanné	**Brun**		**Pénitence. Peine. Trahison. Humilité.**

Fig. 13. — Couleurs héraldiques.

Ce tableau schématise l'emploi des couleurs dans le blason et donne de surcroît les représentations conventionnelles des couleurs en noir et blanc par des hachures placées dans un sens déterminé.

Ces trois derniers ne sont guère utilisés que dans les armoiries britanniques.

Toutes ces couleurs ne sont utilisées, comme les formes de l'écu, les partitions, les pièces honorables, les dessins et ornements, que selon des lois strictes et bien établies. Elles sont des emblèmes qui représentent des sentiments que Gourdon de Genouillac a ainsi précisés (*Les mystères du blason*, in-12, Paris, 1868).

« Azur qui représente le ciel, signifie justice, humilité, fidélité, chasteté, joie, loyauté, bonne réputation, amour et félicité éternelle. Entre les vertus mondaines, l'azur symbolise la beauté, la douceur, la noblesse, la victoire, la persévérance, la richesse, la vigilance et la récréation. Quant au gueules, c'est la justice, l'amour de Dieu, la vaillance, la hardiesse, l'intrépidité, la cruauté, la colère, le meurtre et le carnage. »

Même avis de Sicile (*Blason des couleurs en armes, livrées et devises,* in-18, Lyon vers 1500) pour cette couleur, car il écrit : « La couleur rouge ou vermeille est de grand estat et dignité et bien nous le démontre l'auriflamme du ciel miraculeusement aux rois Gauloys envoiéé et qui estoit de ceste couleur afin de les animer à vertu et courage, magnanimité et prouesse. »

Quant à La Colombière, il indique (*Science héroïque,* p. 36) que le gueules dénote entre les vertus spirituelles l'ardent amour envers Dieu et le prochain ; des vertus mondaines, vaillance et fureur ; mais aussi des vices, la cruauté, la colère, le meurtre et le carnage ; le feu ; le rubis. Et il ajoute que cette couleur représente aussi le jour du jugement parce que le monde sera consumé par le feu.

Selon les divers auteurs nous trouverons ensuite :

— *sinople* (vert) qui représente l'honneur, la courtoisie, la civilité, l'amour, la vigueur, la joie, l'espérance, l'abondance ;
— *pourpre,* qui représente la foi, la chasteté, la tempérance, la dévotion et, par le mélange de l'azur et du gueules, l'amour de la vérité ;
— *sable* (noir) qui est signe de deuil et d'affliction, mais symbolise aussi la constance dans la tristesse, la simplicité, la douleur, la sagesse, la science, la prudence, la gravité, l'honnêteté ;
— *or :* symbolise et représente l'amour, la constance, la sagesse (Anselme), les vertus chrétiennes, la foi (La Colombière) ; et il ne doit pas être confondu avec le jaune ;
— *argent :* symbolise la pureté, l'innocence, la félicité, la virginité, la foi, la vérité, l'espérance ; en parallèle l'hermine qui est une livrée et qui fut à l'origine toute blanche était emblème de pureté et chasteté ;

— *aurore :* composé de gueules et or est signe de manque de stabilité ; voire de dissimulation et d'hypocrisie (La Colombière) ;
— *sanguine :* est souvent en opposition avec gueules ;
— *tanné :* composé de gueules et de sable, est le signe de pénitence, de peine, d'humilité.

Bien entendu, ces significations se conjuguent avec les figures, se composent entre elles, le fond gardant toutefois son sens le plus général.

En fait, le symbolisme et le langage des couleurs nous pourraient entraîner fort loin ; nous les pourrions retrouver en littérature, dans la mode, dans le folklore et en ethnographie.

Toute religion et toute civilisation en a fait usage et le symbolisme des couleurs dans l'art tibétain tantrique, par exemple, est extrêmement précis. Chez les Indiens d'Amérique il se manifestait notamment par les relations de couleurs déterminées avec les points de l'horizon, tout comme dans les correspondances de la Chine ancienne ou dans les mandalas du bouddhisme tantrique.

Les couleurs nationales sont rarement le fait d'un choix fantaisiste et l'histoire des drapeaux pourrait constituer le thème d'une vaste étude.

Ce choix des couleurs est un grave problème pour le propriétaire d'une nouvelle écurie de course, qui doit définir la livrée et la casaque de ses jockeys, comme pour les dirigeants d'une société sportive ou le commerçant voulant emballer un produit dans une enveloppe qui parlera à l'esprit de l'éventuel client. Nous n'avons pu ici que signaler cette forme des messages colorés que des spécialistes comme le baron Frédéric Portal (1837), puis Michel Pastoureau, ont amplement explicités.

Chapitre VII

LA COLORIMÉTRIE

I. — La colorimétrie, ou métrique des couleurs

Les couleurs, bien définies comme nous l'avons vu, peuvent se chiffrer et se mesurer. C'est le rôle d'une science, par ailleurs assez nouvelle, et qui demeure fort délicate : la colorimétrie. Une couleur sera définie par trois indications physiques :

1° Une longueur d'onde (limite ou moyenne) à laquelle peut être attribué arbitrairement, sur la base du tableau donné au chapitre Ier (fig. 1), le nom correspondant. C'est la *teinte* ;

2° Le *degré de pureté,* ou rapport avec le blanc (couleurs lavées ou pures) ;

3° Le *facteur de clarté,* ou quantité de lumière transmise (couleurs claires ou foncées).

Ceci nous donne la possibilité de réaliser un grand nombre de couleurs, teintes et nuances, et c'est notre œil, appareil fort sensible qui, dans les conditions de la vie courante, les enregistre et nous les fait apprécier.

La colorimétrie permet de déterminer les facteurs qui chiffrent la couleur et de fixer celle-ci sans ambiguïté. Toutefois, en toute rigueur, cela ne suffit pas toujours et une solution plus complète nécessite alors de donner la courbe spectrale permettant l'analyse détaillée d'un corps coloré ou d'une source de lumière colorée. Ceci est le rôle d'appareils que l'on nomme les spectro-photo-colorimètres.

Ce sont les études inaugurées il y a un siècle par Maxwell, Gassmann et Helmholtz qui ont fondé les bases de la colorimétrie et cette science a abouti à la définition d'un « Observateur de référence », personnage fictif qui est censé représenter la moyenne des sujets normaux dans des conditions déterminées (luminance suffisante sous une source-étalon déterminée et adaptation normale de l'œil). Pourtant il faut remarquer que la colorimétrie ne s'occupe absolument pas des sensations colorées qui ont été surtout l'objet des chapitres précédents et étudie uniquement l'équivalence des diverses compositions de lumière qui donnent une même sensation colorée. Autrement dit, l'œil de « l'observateur de référence » est seulement un appareil de zéro qui juge seulement l'identité visuelle.

La colorimétrie est une science physique pure, simple au demeurant, puisqu'elle ne joue guère que sur des lois linéaires et sur des calculs mathématiques, ou des constructions rapportées à trois grandeurs.

II. — Principe de la trivariance visuelle

En mélangeant dans des proportions déterminées trois radiations appropriées l'on peut reproduire toutes les impressions colorées possibles. Autrement dit, trois grandeurs convenablement choisies sont nécessaires et suffisantes pour décrire toute lumière colorée. Ces trois grandeurs seront désignées comme étant les *excitations*. C'est leurs actions sur l'œil qui provoquent la sensation colorée, mais seules les excitations sont physiquement mesurables. Elles seront représentées par : m_1, m_2, m_3.

III. — Lois fondamentales de Gassmann

A) La luminance d'un mélange est égale à la somme des luminances des couleurs composantes. Autrement dit, la superposition de deux lumières colorées ou de deux excitations i et i' de composantes m_i et $m_{i'}$ donne une lumière colorée résultante i'' de composantes trichromatiques :

$$m''_i = m_i + m'_i.$$

C'est la *loi d'additivité* qui nous apprend que les composantes trichromatiques s'ajoutent.

B) Si deux plages lumineuses produisent la même impression colorée, cette égalité d'impression subsistera lorsque la luminance de l'une et de l'autre sera multipliée (ou divisée) par un même nombre. Autrement dit, si la grandeur physique (flux F, intensité I, luminance L...) qui mesure la lumière colorée (ou l'excitation) est multipliée par le facteur K, les composantes trichromatiques de la lumière colorée résultante sont multipliées par le même facteur et m_i devient Km_i. C'est la *loi de proportionnalité.*

C) Deux mélanges lumineux qui, étant juxtaposés, produisent la même impression colorée, se comportent aussi de façon identique dans le processus des mélanges. Ils peuvent donc se substituer l'un à l'autre. Autrement dit, le principe de la trivariance visuelle et les lois d'addivité et de proportionnalité conduisent aux lois simples linéaires du mélange des couleurs. Ce sont les *lois du mélange des couleurs.* Pour les établir, on définit pour chaque lumière colorée ou couleur :

— la résultante colorimétrique R = $\mathrm{I}m_i$;
— les coordonnées ou coefficients trichromatiques.

IV. — Représentation géométrique

Chevreul avait donné une solution graphique simple au problème du mélange des couleurs avec son célèbre cercle chromatique. Il avait transposé sur celui-ci les couleurs du spectre en portant à intervalles réguliers des graduations exprimant les longueurs d'onde du spectre visible.

Aménagé par la suite en cercle harmonique par Rosentiehl, puis par Julie Beaudeneau, en remplaçant les écarts chromatiques par les écarts visuels, le cercle chromatique permet de repérer les complémentaires qui sont diamétralement opposées ou les triades qui constituent les primaires d'un système. On y voit paraître la jonction entre le rouge et le violet par le pourpre.

Mais cette construction n'est qu'une recherche empirique. En toute rigueur, on ne peut reproduire un complexe à trois ordonnées qu'en volume dans l'espace tridimensionnel. Pour le ramener à un système plan il faut avoir recours à des artifices conventionnels.

En colorimétrie, l'on introduit pour cela deux notions nouvelles : — le lieu des lumières monochromatiques ; — la droite des pourpres saturés. On pourra alors définir sur la construction ainsi réalisée les lumières complémentaires et les facteurs de pureté.

V. — Transformation des composantes et des coordonnées trichromatiques

La description d'une lumière colorée dépend de l'excitation primaire correspondante. Si l'on modifie l'excitation les trois nombres qui décrivent la lumière changent. Autrement dit, si l'on dispose, pour décrire une lumière colorée de deux systèmes d'excitations primaires S et S′, il est toujours possible de lier ces deux systèmes par des relations linéaires.

Ces relations sont appelées les équations de transformations et elles s'établissent par le calcul, qui est simple mais long et fastidieux, ou au moyen de tables.

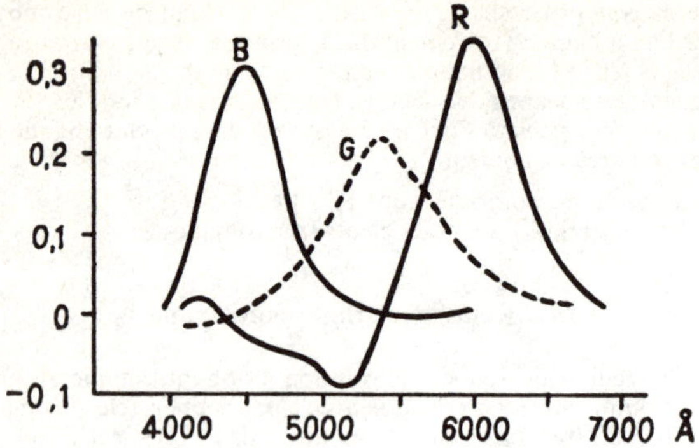

Fig. 14. — Coordonnées trichromatiques dans le système RGB.

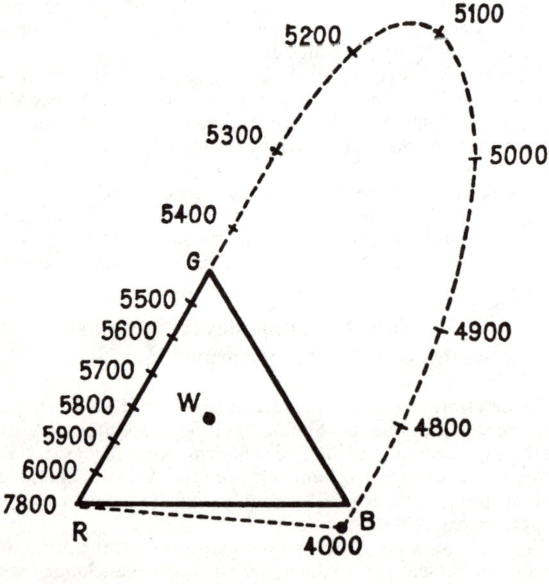

Fig. 15. — Le triangle RGB.

1. **Système RGB.** — Pour rendre comparables et d'usage facile les résultats des mesures colorimétriques effectuées en des lieux divers, il a fallu établir une base commune. En 1931, la Commission Internationale de l'Éclairage a recommandé, à cet effet, l'emploi d'un système de repérage conventionnel utilisant trois couleurs fondamentales ou primaires spectralement définies avec les longueurs d'ondes dominantes (qui étaient alors en Angströms) :

Un Rouge R de	7 000 Å soit 700 nm
Un Vert (Green) G de	5 461 Å soit 546,1 nm
Un Bleu B de	4 358 Å soit 435,8 nm

Ce système est valable pour *l'observateur de référence* et suppose pour l'observation au colorimètre : un champ de 2°, un champ de contour blanc de 40°, une luminance de champ de 40 cd/m^2.

Dans ce système, et abstraction faite de l'aspect lumineux de la couleur, une couleur est définie par les proportions relatives de chacune des trois composantes :

$$C = r(R) + g(G) + b(B)$$

r, g, b sont les *coordonnées trichromatiques* (fig. 14).

Cette fonction exprime la teinte, mais il est nécessaire aussi d'exprimer la luminance. Mélanger des couleurs, en effet, ne signifie rien si l'on ne précise pas la luminosité des composantes qui ont servi à effectuer le mélange. C'est pour cela que la CIE a posé la convention de base suivante : le mélange des trois unités doit être chromatiquement équivalent à un blanc de référence considéré comme une source d'égale énergie lumineuse.

En appelant L_r, L_g, L_b les flux lumineux des excitations primaires, le flux lumineux de la lumière de composantes R, G, B devient :

$$L = L_r R + L_g G + L_b B.$$

En posant conventionnellement $L_r = 1$ lumen (unité de R), on obtient par le calcul : $L_g = 4{,}5907$ lumens (unité de G) et $L_b = 0{,}0601$ lumen (unité de B). Ce sont les *facteurs de luminosité.*

On peut donc établir les coordonnées trichromatiques tenant compte de la luminance. Elles se traduisent par des courbes où apparaissent des valeurs négatives, ce qui est parfois assez gênant (fig. 14 et 15).

2. **Système XYZ.** — C'est pour remédier à quelques inconvénients du système RGB que l'on a imaginé de le modifier en remplaçant le plan RGB en un nouveau plan XYZ tel que toutes les lumières colorées y aient des coordonnées trichromatiques positives.

Cette transformation est un transfert linéaire et homographique.

Pour fixer les nouvelles constantes :

— on place le spectre d'égale énergie W, c'est-à-dire le blanc, au centre du triangle ;
— les nouvelles unités lumineuses L_1 relative à x et L_3 relative à z sont nulles ;
— le triangle est tel que son côté relatif au bleu soit tangent à la ligne des Y et son point inférieur de limite du violet sur la ligne des X.

Les coordonnées colorimétriques de ce système deviennent les suivantes :

$$X = 2{,}7689\, r + 0{,}38159\, g + 18{,}801\, b$$
$$Y = r + g + b$$
$$Z = 0{,}01237\, g + 93{,}060\, b$$

On voit que la coordonnée Y est égale à la luminance de la source.

Ce système qui a parfois été utilisé avec quelques variantes de construction géométrique est universellement utilisé en colorimétrie pour situer les couleurs sans ambiguïté (fig. 16 et 17).

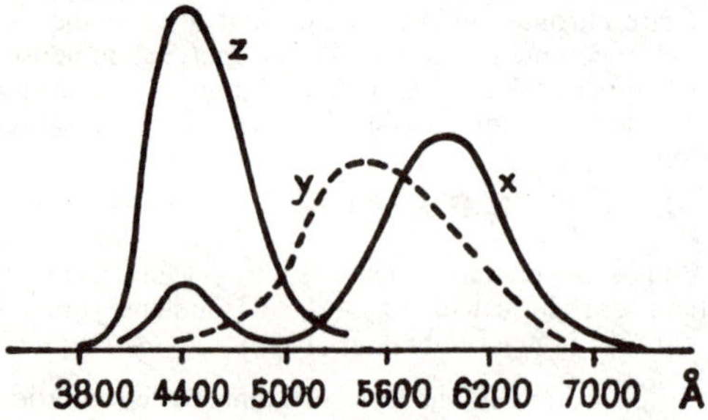

Fig. 16. — Courbes représentatives des valeurs des trois coefficients colorimétriques normalisés du système XYZ.

Dans ce nouveau système, les fonctions de distribution sont représentées par $\bar{x}(\lambda)$, $\bar{y}(\lambda)$, $\bar{z}(\lambda)$. Les composantes trichromatiques sont repérées par X, Y, Z, et on a les relations :

$$X = \int_{0,38}^{0,78} E(\lambda)\, \bar{x}(\lambda)\, \bar{d}\,(\lambda)$$

$$Y = \int_{0,38}^{0,78} E(\lambda)\, \bar{y}(\lambda)\, \bar{d}(\lambda)$$

$$Z = \int_{0,38}^{0,78} E(\lambda)\, \bar{z}(\lambda)\, \bar{d}(\lambda)$$

Les coordonnées trichromatiques sont telles que $x = X/(X + Y + Z)$, $y = Y/(X + Y + Z)$ avec $x + y + z = 1$. Le flux lumineux (ou la luminance) de la lumière de composantes X, Y, Z est donné par $L = L'_1\ X + L'_2\ Y + L'_3\ Z = L'_2\ Y = Y$ car $L'_2 = 1$ par convention. Pour appliquer les lois du mélange des couleurs, on calcule $R = X + Y + Z = Y/y$.

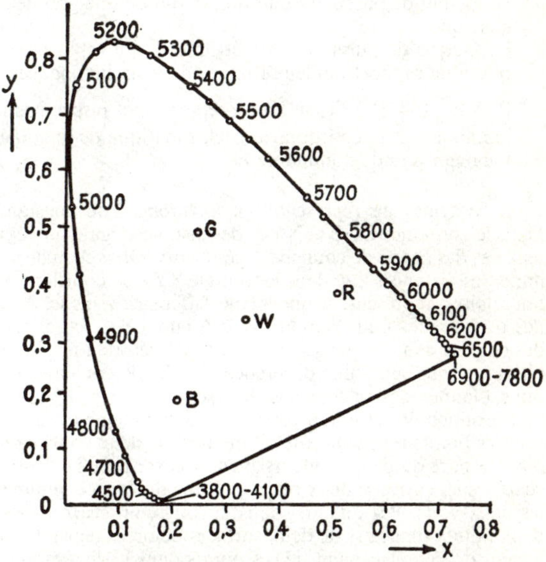

Fig. 17. — Triangle des couleurs du système CIE-XYZ où l'on a porté W = blanc,
R, G, B : lieux des couleurs des fonds colorés.

Les indications de ces figures étaient originellement portées en Angströms, mais on utilise plus couramment aujourd'hui le nanomètre nm, ou mμ, qui en est la dixième partie.

Calcul pratique des composantes trichromatiques. — Il n'existe pas de primitives des fonctions Ex, Ey, Ez. Des intégrations approchées sont nécessaires. On envisagera le cas des sources lumineuses et des matériaux éclairés par ces sources. Dans ce dernier cas, les caractéristiques colorimétriques sont toujours définies par rapport à l'une des sources d'éclairage étalons A, B ou C. Deux méthodes de calcul sont employées :

a) La méthode des ordonnées équidistantes avec les équidistances de 1, 5, 10 nm ;

b) La méthode des ordonnées sélectionnées avec 10, 30 ou 100 ordonnées.

Expression des facteurs de pureté. — La longueur d'onde dominante λ_d (ou complémentaire) étant connue, on définit deux facteurs de pureté :

a) Le facteur de pureté d'excitation P_e qui est une grandeur géométrique ;

b) Le facteur de pureté colorimétrique P_c qui est une grandeur physique rapport de deux flux ou de deux luminances. On a

$P_c = L\lambda_d/L = P_e^y \lambda_d/Y$ où L et y représentent respectivement la luminance et la coordonnée trichromatique de la couleur de longueur d'onde dominante λ_d.

3. **Systèmes de représentation à chromaticité constante.** — Dans les systèmes RGB et XYZ, des distances égales ne représentent pas des écarts de couleurs jugés égaux. On a cherché à déterminer les distances qui, dans le triangle XYZ en coordonnées rectangulaires, représentent une même différence visuelle. A la suite des travaux de Judd, Wright, Mac Adam, cela a été précisé par des ellipses dans lesquelles la distance du centre à un point périphérique représente une différence visuelle de couleur constante qui est la même pour toutes les ellipses.

L'examen de cette figure montre qu'une même distance séparant les points représentatifs, d'une part de deux couleurs vertes, d'autre part de deux couleurs bleues, correspondra à un grand écart visuel entre les deux bleus et à une différence minime entre les deux verts. Par ailleurs, dans le rouge, un écart visuel entre deux points figuratifs de deux surfaces colorées dépend non seulement de l'emplacement de ces points dans le diagramme, mais aussi de leur position relative.

Cette distorsion de la représentation visuelle des couleurs a conduit les spécialistes à rechercher une transformation linéaire du système (conservant les lois simples du mélange des couleurs) permettant d'exprimer par des longueurs égales dans le diagramme des écarts de couleurs jugés égaux.

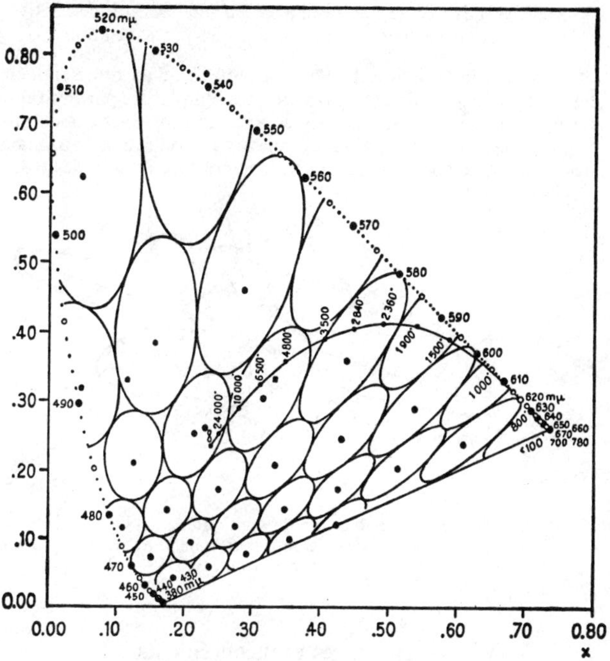

Fig. 18. — Différences visuelles égales dans le diagramme trichromatique. La distance entre les points centraux et les ellipses correspondantes représente sensiblement une différence visuelle de couleur constante (d'après Judd).

En toute rigueur une telle transformation n'est pas possible, mais des constructions ont permis d'approcher la solution sur le plan pratique. Parmi celles-ci les plus utilisées sont :

— celle de Judd qui exprime les coordonnées trichromatiques dans un nouveau diagramme UCS (Uniform Chromaticness Scale) en forme de triangle équilatéral ;
— celle de Breckenridge et Schaub ou RUCS (Rectangular Uniform Chromaticness Scale) à coordonnées rectangulaires et où le point figuratif du blanc neutre coïncide avec l'origine des coordonnées ;
— celle de Mac Adam recommandée par la CIE en 1959 ;

— celle NCS de l'école suédoise, axée sur une relation perceptive, proposée en 1979 et normalisée dans les pays scandinaves.

Notons toutefois que F. Parra a montré qu'en toute rigueur les ellipses de Mac Adam devraient être remplacées par des figures étoilées dont les axes privilégiés sont remarquables car en liaison avec les lignes de confusion qui caractérisent dans le triangle des couleurs les protanopes ou les deutéranopes d'avec les tritanopes (fig. 19).

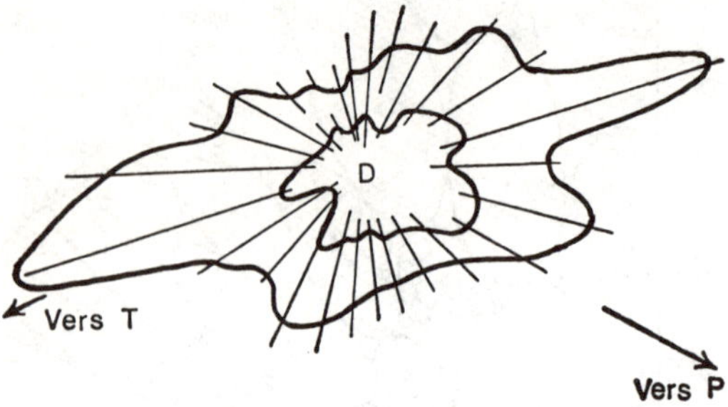

Fig. 19. — L'indicatrice de seuil différentiel de couleur remplaçant selon Parra l'ellipse correspondante de Mac Adam. Celle de la figure est celle du rouge (0,596 — 0,283). Couleurs 1967.

VI. — Avantages et inconvénients

La colorimétrie constitue un langage chromatique précis qui s'oppose à l'approximation très grossière des mots, mais elle est d'aspect un peu rebutant et abstrait pour beaucoup d'utilisateurs. Elle permet d'opérer avec une exactitude absolue, alors que l'œil est sujet à erreurs, et fixe les valeurs alors que notre œil, s'il est très sensible, est incapable de mémoire.

La colorimétrie est objective alors que notre œil peut se fatiguer, s'adapter, vieillir, varier. La colorimétrie donne des résultats quantitatifs alors que l'observateur humain n'est capable que d'évaluations. Par contre, on peut objecter que la colorimétrie, pour répondre à ces qualités, demande un appareillage important pour matérialiser « l'observateur de référence » et que cela coûte cher alors que l'usage de l'œil est bon marché.

Non seulement les appareils sont coûteux et parfois assez malaisés à manier, mais ils ne sont pas toujours très comparables entre eux. Ils conduisent à l'observation de couleurs sous des sources-étalons, alors que dans la pratique, elles seront vues en d'autres lumières. La colorimétrie donne des résultats issus de l'observation sous des angles très petits, alors qu'en général nous verrons les objets en surfaces plus notables.

Enfin, dernière et importante objection : une couleur est en définitive jugée en son usage pratique par notre œil. Qu'importe alors l'indication d'un appareil de mesure. Si nous ne sommes pas d'accord par suite de mystérieuses raisons, c'est à notre œil que nous donnerons raison.

Ce qui est surtout utile est de considérer la colorimétrie pour ses buts, et eux seuls. C'est elle qui permettra de fixer des références sûres, d'établir des comparaisons ou de fixer des limites de tolérances. En ce cas, on ne demande pas à « l'observateur de référence », c'est-à-dire au colorimétriste agissant avec ses appareils, de raisonner ou de discuter, mais de répondre par oui ou par non à une question précise : cette couleur est-elle semblable à cette autre ? S'en écarte-t-elle de plus de telle valeur précise ?

Sans doute, la colorimétrie peut-elle n'intéresser que médiocrement l'artiste, n'être pour l'esthéticien ou le psychologue qu'un point de départ vers des questions plus larges. Pour le chimiste, le coloriste, le technicien des produits colorés ou teints, c'est le seul moyen d'assurer un langage commun et sûr avec ses interlocuteurs, en son métier.

Le triangle des couleurs représente, en fait, des lumières colorées, aussi a-t-il pu être utilisé en des applications directes, notamment pour des illuminations, des effets mouvants de spectacles Son et Lumière, des ambiances de scène au théâtre... Des montages électroniques facilitent de tels réglages sur le principe original du « Chromon » de Georges Leblanc où il suffisait de déplacer un index sur le triangle pour obtenir les effets correspondants à partir de trois sources ou de trois groupes de projecteurs dotés des filtres colorés de base.

Toutefois, le recours de la pratique à la colorimétrie implique un respect et une utilisation de normes ou de recommandations qui évoluent parfois. Ces données sont établies par la division I (Vision et couleur) de la Commission internationale de l'Éclairage (CIE) représentée en France par le Comité national français de l'Éclairage (CNFE)[1].

1. En 1984 cette nouvelle division I de la CIE a repris à son compte les problèmes dévolus jusque-là au TC . I . 3 Colorimétrie et au TC . 3 . 2 Rendu des Couleurs ; elle englobe aussi les domaines : spécification des couleurs, adaptation chromatique, métamérisme, évaluation des différences de couleurs, sources étalons, analyse de l'apparence de couleur... Sa publication *Colorimétrie,* 2e éd., 1986, donne les recommandations générales de base sur le sujet. Voir aussi les ouvrages cités en bibliographie : Christment, Kowaliski, Sève, Week.

Chapitre VIII

REPÉRAGES VISUELS ET ATLAS

Les systèmes de représentation

Alors que la colorimétrie utilise un « observateur de référence » bien déterminé, mais fictif, les systèmes de représentation permettant une comparaison visuelle directe des couleurs font intervenir l'œil humain réel avec sa sensibilité et ses avantages, ses variations et ses imperfections. Pourtant, si l'on classe avec une saine logique un grand nombre de teintes on peut, par comparaison en des conditions données d'éclairage et d'observation, pratiquer un repérage correct d'une couleur en examen.

Ce procédé a l'avantage d'être direct, rapide, économique et facile à interpréter par l'utilisateur. Il n'a pas, évidemment, que des avantages. Sa souplesse est liée à la qualité de la gamme échantillon, au nombre des coloris qui y figurent (il en faudrait un nombre très considérable pour que la méthode soit parfaite et l'on a été jusqu'à avancer celui de 10 millions (Judd), à leur état de surface, à leur stabilité dans le temps, à leur comportement à la lumière. De surcroît, les étalons sont faits avec des coloris qui ont un spectre de réflexion plus ou moins étalé et qui n'est pas forcément comparable à celui des couleurs que l'on met en regard pour les examiner.

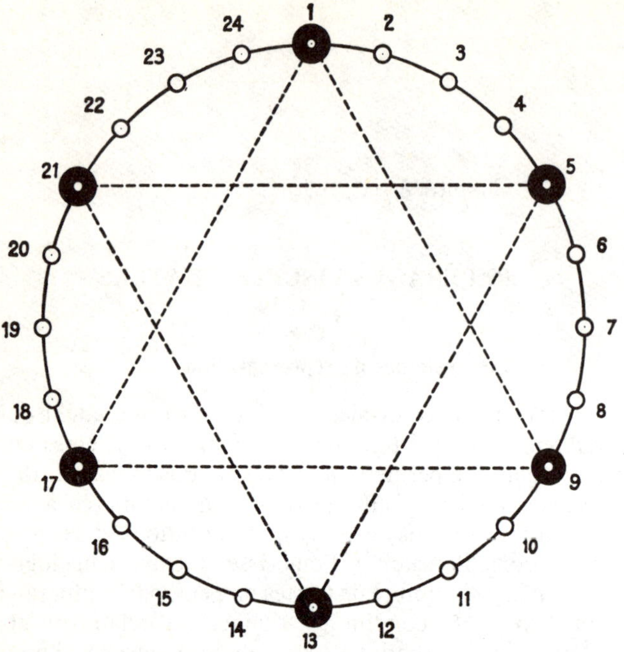

Fig. 20. — Un cercle chromatique harmonique.

Les définitions de ce cercle telles qu'elles ont été établies par le Centre d'Information de la Couleur (CIC), Belgique, M. Demulder-Dutron sont, pour les bases ou fondamentales :

N°	1.	Jaune	5 730 Å	ou	573	nm
N°	5.	Orangé	6 030 Å	ou	603	nm
N°	9.	Rouge	6 950 Å	ou	695	nm
N°	13.	Violet	4 400 Å	ou	440	nm
N°	17.	Bleu	4 800 Å	ou	480	nm
N°	21.	Vert	4 970 Å	ou	497	nm

Nos 2 et 24 sont des jaunes intermédiaires.
Nos 3-4-6-7 sont des orangés intermédiaires.
Nos 8 et 10 sont des rouges intermédiaires.
Nos 12 et 14 sont des violets intermédiaires.
Nos 15-16-18 et 19 sont des bleus intermédiaires.
Nos 20 et 22 sont des verts intermédiaires.

Il se joint donc aux fondamentales 18 couleurs intermédiaires également bien définies. Le 11 est pourpre opposé au 23 dénommé chloré et qui est entre le jaune-vert et le vert-jaune. On remarquera que les couleurs sont un peu décalées par rapport au cercle de base du système Ostwald.

Le spectre dessiné pour les couleurs pures, puis le cercle de Chevreul, ont constitué les premières bases des systèmes à étalons de comparaison (fig. 20 et 21) puis il fut monté ou édité des planches ou des atlas.

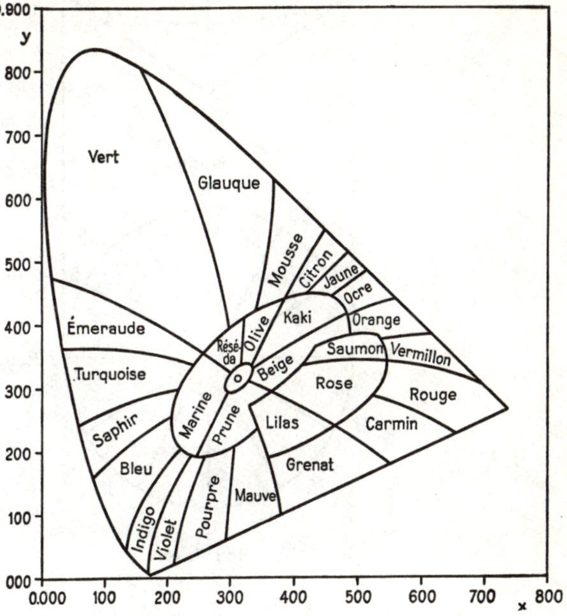

Fig. 21. — Désignation des couleurs dans le diagramme trichromatique.

Chevreul avait constitué aux Gobelins un vaste échantillonnage fait de dizaines de milliers de nuances teintes sur laines. Le code des couleurs de Seguy fut édité en un album pour les besoins des fleuristes qui s'en servaient pour désigner d'un numéro les coloris de leurs créations (les chrysanthémistes en particulier).

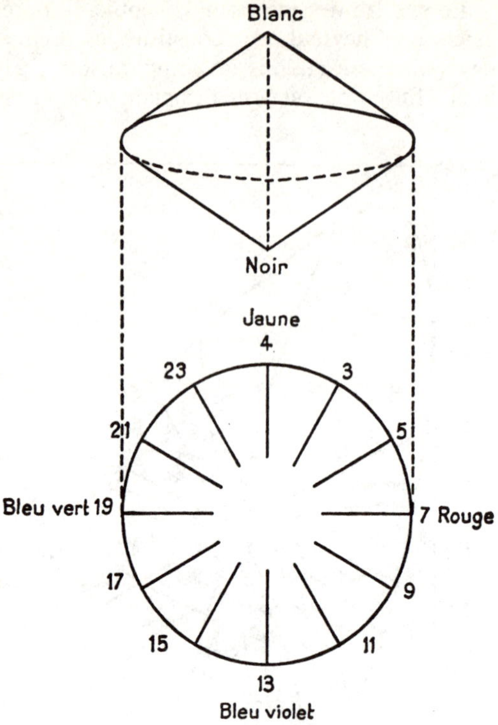

Fig. 22. — Système Ostwald. Construction en cercle chromatique et montage en cône vers le blanc et le noir. Les couleurs du cercle sont ainsi définies :

2.	Jaune	5 790 Å	ou	579	nm
3.	Orange jaune	5 865 Å	ou	586,5	nm
5.	Orange	5 690 Å	ou	569	nm
7.	Rouge	6 165 Å	ou	616,5	nm
9.	Rouge pourpre				
11,5.	Violet				
14.	Bleu violet	4 785 Å	ou	478,5	nm
15.	Bleu	4 835 Å	ou	483,5	nm
19.	Bleu vert	4 926 Å	ou	492,6	nm
21.	Vert	5 006 Å	ou	500,6	nm

Depuis de très nombreux atlas ont été présentés selon des formes plus ou moins améliorées. Les plus connus ont été ceux d'Ostwald en Allemagne (fig. 22) et de Munsell aux États-Unis.

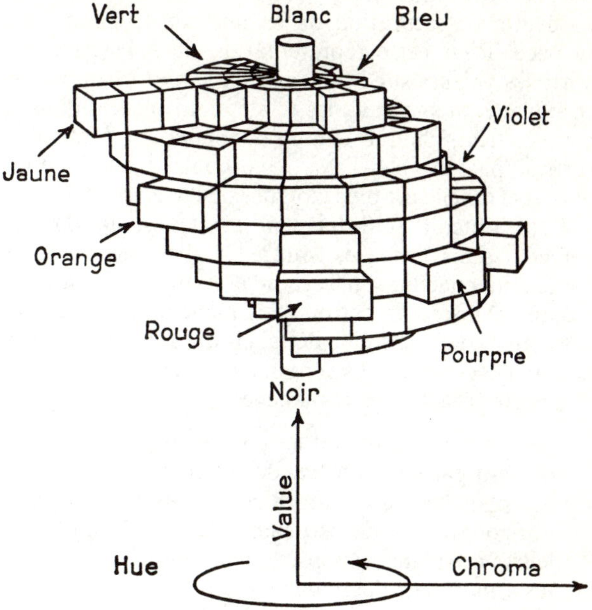

Fig. 23. — Représentation dans l'espace du solide des couleurs de Munsell

1. **Système Munsell.** — Dans ce système chaque teinte est repérée en coordonnées cylindriques à l'aide de trois variables (fig. 23) :

— la teinte, « Hue » qui définit la couleur : rouge, bleu, jaune... ;

— la valeur, « Value » qui permet de distinguer une couleur claire d'une couleur foncée et correspond à la « clarté » ;

— la saturation, « Chroma » qui permet de différencier les couleurs ternes des couleurs vives.

La présentation des atlas se fait en une suite de planches partant d'une teinte pour en donner les valeurs ou les degrés de saturation ou en une construction dans l'espace. Pour cette représentation dans l'espace, on porte les valeurs sur l'axe vertical, le noir étant en bas et le blanc au sommet : les teintes sont placées dans le plan vertical, chaque teinte correspondant à un plan vertical passant par l'axe. Une couleur est d'autant plus vive qu'elle est plus éloignée de l'axe vertical.

Pour obtenir pratiquement la représentation des couleurs dans l'espace, Munsell réalisa des planches contenant chacune un certain nombre d'échantillons colorés réalisés sur carton : ces planches représentent des coupes dans le solide défini ci-dessus ; la réalisation matérielle, connue sous le nom de « Atlas de Munsell », comporte trois sortes de planches :

— des planches illustrant les coupes suivant des plans passant par l'axe vertical des valeurs ;
— des planches illustrant les coupes suivant les plans horizontaux, donc perpendiculaires à l'axe des valeurs ; ces planches représentent les différentes teintes à un même degré de clarté et à plusieurs degrés de saturation ;
— des planches illustrant toutes les couleurs situées à un même degré de « saturation » ; elles sont obtenues schématiquement par développement de cylindres dont l'axe est confondu avec l'axe des valeurs et qui coupent le solide à des distances croissantes de cet axe.

On obtient de cette manière un solide des couleurs permettant de repérer n'importe quel échantillon coloré et de trouver par simple comparaison visuelle, ses coordonnées Munsell. On peut remarquer que la forme

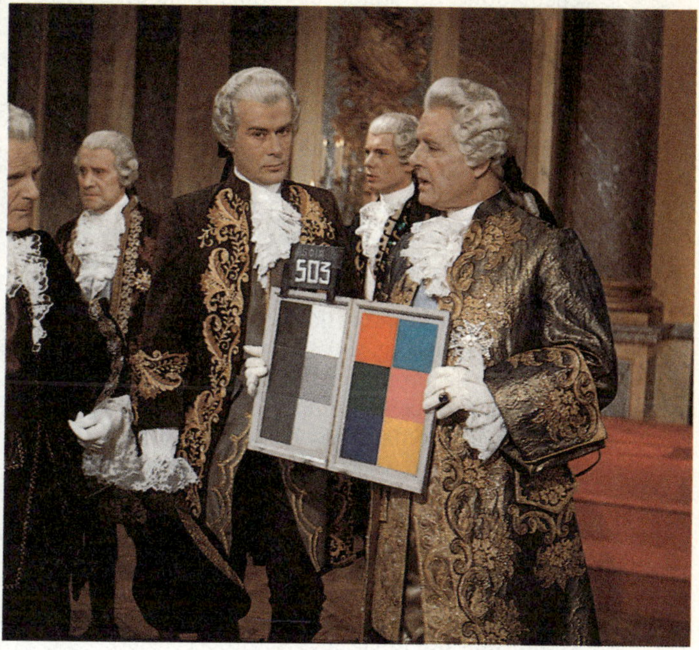

Photo 6. — La Charte des couleurs
est devenue un auxiliaire de la prise de vues au cinéma :
film *La Dubarry* de Christian Jaques.

du solide de Munsell est irrégulière, ce qui rend parfaitement compte des particularités de chaque teinte. La vue schématique du solide de Munsell montre, par exemple, que les teintes jaunes sont toujours relativement claires, mais que par contre, les bleus ne peuvent être à la fois saturés et clairs.

Les plages colorées des atlas Munsell sont, par ailleurs, désignées très complètement par leurs coordonnées dans le système XYZ et par leur spectre.

2. **Système DIN.** — Dans ce système allemand, qui utilise la notion de luminance maximum, toute couleur est décrite à partir de trois variables : la teinte T (il y a 24 teintes de base), la saturation S et la valeur D qui est fixée par la relation (fig. 24) : $D = 10^{-6}\ 1\ 723 \lg (40.7\ h + 1)$ où h est le rapport de luminance du matériau étudié à la luminance maximum théorique correspondant à la même chromaticité.

A partir des valeurs T, S, D, il est possible de calculer aisément les composantes X, Y, Z et inversement ; du point de vue du calcul, deux groupes de caractéristiques peuvent donc être considérés comme équivalents. Colorimétriquement toutefois, les valeurs T, S, D sont caractérisées par ce fait qu'elles constituent des gammes comportant des intervalles sensoriels égaux.

Pour l'exécution des cartes de couleurs DIN, différentes catégories de précisions avec tolérances correspondantes ont été fixées pour l'observation des valeurs théoriques de T, S, D. En représentation géométrique, le champ de tolérance constitue une sphère ayant pour centre la valeur théorique et admettant un rayon déterminé, dans l'espace chromatique des valeurs T, S, D. Pour la classe supérieure de précision de la carte des couleurs DIN, le rayon de la sphère de tolérance est d'environ 0,2.

Le système T, S, D ne peut pas satisfaire rigoureusement à l'exigence d'égalité des intervalles, cela non seu-

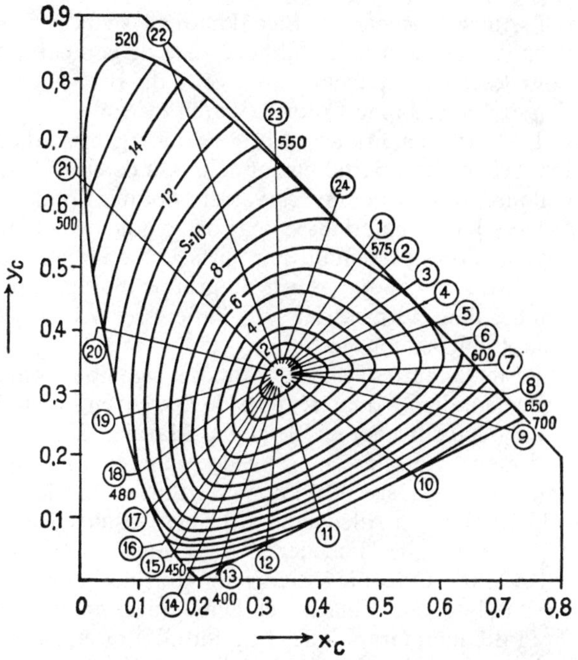

Fig. 24. — Système DIN de carte de couleurs. Dans le triangle des couleurs, sont tracées les lignes qui correspondent aux valeurs entières de T et de S. D n'est pas représentée dans le triangle chromatique plan. (Le triangle chromatique est ici modifié de telle sorte que le point représentatif de la lumière normale C se trouve au centre, avec $x = y = 0{,}333$.)

lement pour des raisons techniques, mais aussi par suite des éléments subjectifs qui subsistent encore dans l'appréciation de l'égalité des intervalles sensoriels et à cause du fait que cette appréciation dépend du champ ambiant et de la luminance. Pour les applications pratiques, l'approximation réalisée en matière d'égalité des intervalles est très bonne.

3. **Autres systèmes.** — Bien d'autres systèmes ont été proposés et aussi de nombreux atlas de comparaison dont les plus importants sont ceux du British Color Council et du Japan Color Research Institute.

L'AFNOR, en France, a proposé une gamme d'étalons secondaires parfaitement définis et déterminés (les étalons primaires étant les valeurs optiques précises). Sur ces bases matérialisées par des plaquettes de pigments colorés présentant une surface mate et une surface brillante chaque usager ou groupe d'usagers peut établir, dans le matériau qui l'intéresse, ses propres échantillons-étalons tertiaires.

Parmi les autres systèmes proposés signalons comme également dignes d'intérêt ceux de Syreeni en Finlande, Pêtre (Octochrome) en Belgique, Marnier Lapostolle en France, Hesselgreen en Suède Adam en Allemagne (sur les bases Ostwald), Perry-Marthin en Suède, Harald Küppers en Allemagne, Chroma-Cosmos 5000 au Japon, Cubes de Hicketier, Associations objectives de Ellen Marx, Coloroïd système hongrois de Antal Nemsics, Polyton de Fillacier et Lemonnier, nuancier de Trait d'Union Graphique (Legrand), Letraset, associés à des logiciels informatiques à l'usage des arts graphiques, Pantone, Itten, Datacolor, Outil des Couleurs de Robert Chalavoux, etc.

4. **Harmonie des couleurs.** — L'un des problèmes importants pour l'architecte, le décorateur, le peintre..., et de manière générale pour tout utilisateur de la couleur, est la constitution de rapports harmoniques dirigés ou de gammes esthétiques pour lesquelles les divers systèmes de classification ont été en fait constitués mais qui doivent être utilisés avec art. C'est un vaste problème qui est à la base de tout enseignement sérieux sur la couleur.

De nombreuses recherches ont été poursuivies en ce sens depuis Ostwald, Chevreul, Rosensthiel, Julie

Beaudeneau... qui en avaient jeté les fondements. Il convient de signaler parmi les avancées plus récentes celles de Ellen Marx qui s'attache à une mise en place d'un jugement objectif de la perception psychologique des couleurs[1] et, surtout, de Henri Pfeiffer qui, ayant participé activement aux travaux de Otswald, du Bauhaus et de Paul Klee, a réussi à formuler et à situer dans son enseignement des bases solides des lois de l'harmonie des couleurs et de la science nouvelle de la chromatologie qui en résulte[2], cependant que Richardière[3] sur la base des cubes de Hicketier[4] établit une formulation simple et arithmétique pour l'établissement de liaisons harmoniques entre les couleurs.

En son *Outil des couleurs,* Robert Chalavoux établit un système pédagogique original[5].

1. Ellen Marx, *Couleur optique,* Paris, Dessain-Tolra, 1983.
2. Henri Pfeiffer, *L'harmonie des couleurs,* réédité par l'auteur, Maisons-Laffitte, 1984.
3. Christian Richardière, *Harmonies des couleurs,* Paris, Dessain-Tolra, 1988.
4. Alfred Hicketier, *Le cube des couleurs,* Paris, Dessain-Tolra, 1980.
5. Robert Chalavoux, *L'outil des couleurs,* Chalagam, éd. 1994.

CONCLUSION

Au cours de ces quelques chapitres, nous avons parcouru, trop rapidement, un domaine immense, celui de la couleur, sensation qui imprime en notre être des sentiments et des impressions et dont la vision répercute en nous le décor mouvant, mais continuel, de notre vie.

De tout temps, l'on a lié aux couleurs nos manifestations. L'on *voit la vie en rose,* ou bien l'on *broie du noir.* On est *vert de peur* ou *jaune de dépit,* on fait *grise mine* ou l'on n'y *voit que du bleu,* l'on *rit jaune* ou l'on voit monter à son front le *rouge de la honte.* On a une *colère noire* ou une *peur bleue.*

Le vieil adage « des couleurs on ne saurait discuter » est bien loin.

L'observateur de référence de la colorimétrie est sans doute un personnage fictif très sûr aux réponses définitives. Il ne peut se tromper... du moins si on lui pose des questions pertinentes. Mais il ne sait guère que répondre oui ou non à des questions fort limitées. D'aucuns même l'ont discuté et voudraient que sa personnalité s'adapte un peu mieux à certaines contingences.

Cet *observateur de référence,* à vrai dire, n'est pas très vieux. On lui donnera sans doute une forme plus parfaite. On le remplacera peut-être aussi par quelque robot plus complexe et plus complet car son esprit est celui de l'ordinateur.

Mais il y a aussi l'homme réel. Il considère que les couleurs sont avant toute chose faites pour lui, pour son œil, pour son plaisir et pour son utilité. Il a sans doute raison. D'abord parce que cela satisfait son égoïsme, ensuite parce que la nature semble bien avoir fait de l'homme l'être terrestre le plus capable de profiter des couleurs qu'elle a dispensées autour de lui. Par la finesse et la perfection de son sens visuel, l'homme est un « super visuel ».

L'avenir s'ouvre aussi. La vision des couleurs, comme la colorimétrie, avancent peu à peu, à pas feutrés, vers de nouvelles données dans leur connaissance. La physiologie et la biologie posent leurs problèmes non résolus. Dans la nature ce n'est que si l'on connaissait vraiment la manière dont les animaux voient les couleurs de leurs conjoints ou de leurs ennemis, de leur entourage et de leurs proies que l'on pourrait avancer avec certitude dans les explications, encore bien nébuleuses, de certains de leurs comportements.

Nous avons bien du mal à définir le processus physique de l'arc-en-ciel que Newton avait expliqué très en détail, et pourtant de manière incomplète et un peu erronée, celui de l'aurore boréale aux lueurs colorées étranges, celui du mystérieux, rare et fugace rayon vert.

Ce rayon vert jeté comme un message par le soleil disparaissant à l'horizon est un symbole peut-être, mais déjà l'homme sait lui aussi, comme le soleil, produire un rayon puissant, coloré. C'est l'éclair du laser à rubis, cet extraordinaire rayon rouge monochromatique, de lumière cohérente, pouvant avoir une luminance dépassant des milliers de fois celle du soleil. Avec ce rayon coloré, l'homme pourra provoquer des mutations, ces coagulations du fond de l'œil, il pourra envoyer des messages dans la Lune ou dans Mars, tracer dans l'espace un rayon qui servira de trajectoire matérielle à un missile ou constituera le support d'une métrologie nouvelle de précision.

Ce rayon, qui est rouge avec le rubis mais peut prendre toutes couleurs désirées par le choix du cristal ou celui d'un gaz dans les lasers à gaz, devient ainsi un symbole et un espoir. Celui de connaissances nouvelles permettant de joindre, par la couleur qui n'est que sensation, la lumière qui n'est que vibration, à la matière.

BIBLIOGRAPHIE

(Cette biliographie sommaire est limitée aux ouvrages récents ou fondamentaux en langue française ; certains, épuisés, sont à consulter en bibliothèques.)

Dr Christian Agrapart, Dr Michelle Agrapart-Delmas et Dr Georges Spido, *La chromatothérapie et ses applications,* Interligne, 1988.

Dr Christian Agrapart et Dr Michelle Agrapart-Delmas, *Guide thérapeutique des couleurs,* Danglès, 1989.

Dr Christian Agrapart, *Chromatothérapie des points d'acupuncture,* CEREC, 1994.

Julie Beaudeneau, *Harmonie des couleurs,* 2e éd., Paris, Dunod, 1946.

J. Bergmann, *La vision des couleurs,* Bibl. Techn. Philips, 1960.

Gérard Betton, *Développement et tirage couleur,* « Que sais-je ? », no 1716, Paris, Presses Universitaires de France.

F. Braun, *Nouvelles tables de colorimétrie,* 3 vol., Bruxelles, ELPI, 1957.

Manlio Brusatin, *Histoire des couleurs,* Paris, Flammarion, 1986.

Dominique Cardon, *Les vers du Rouge ; Cahier d'histoire et philosophie des sciences,* Belin, 1990.

Robert Chalavoux, *L'outil des couleurs,* Chalagam, éd. 1994.

Michel-Eugène Chevreul, *De la loi du contraste simultané des couleurs et de l'assortissement des objets colorés...,* Pitois-Levrault, 1839, puis diverses rééditions et traductions.

Alain Christment, Pierre Durchon, Dr Philippe Lanthony et Irène Tavernier, *Communiquer par la couleur,* 3 C. Conseil, 1994.

Claude Darras, *Éléments et réflexions d'optique physiologique,* Nantes, Éra, 1995.

J. Delorme et M. Déribéré, *La couleur et les plastiques,* Paris, Amphora, 1960.

Maurice Déribéré, *La couleur dans les activités humaines,* Paris, Dunod, 3e éd., 1968.

— *La couleur dans la publicité et la vente,* Paris, Dunod, 1969.

— (sous la direction de), *Encyclopédie de la couleur,* Paris, Prisma, 1958.

Yves Dordet, *La colorimétrie ; principes et applications,* Eyrolles, 1990.

Yvonne Duplessis (sous la direction de), *Les couleurs visibles et non visibles,* Monaco, Rocher, 1984.

— *La vision parapsychologique des couleurs,* Paris, EPI, 1974.

Designer's Guide Couleurs, Paris, Arthaud, 1987.

G. Edde, *Les couleurs pour votre santé,* Saint-Jean-de-Braye, Danglès, 1982.

Christiane Falgayrettes et Lucien Stephen, *Formes et couleurs, sculptures de l'Afrique noire,* Musée Dapper, 1993.

Édouard Fer, *Solfège de la couleur,* Paris, Dunod, 1958.
Jacques Fillacier, *La pratique des couleurs,* Paris, Dunod, 1987.
Laura Fronty, *Fleurs et couleurs,* Chêne, 1994.
F. Galtier, *Guide des arômes et colorants alimentaires,* Paris, J.-P. Delarge, 1976.
Brigitte Gautier, *La couleur autrement,* J. Grancher, 1994.
F. Gerritzen, *Présence de la couleur,* Paris, Dessain-Tolra, 1975.
Wolfgang Goethe, *Le traité des couleurs,* Paris, Triades, 1973.
Patricia Guild, *La couleur dans la décoration,* Paris, Armand Colin, 1992.
Herman von Helmholtz, *Optique physiologique,* plusieurs éditions françaises.
Alfred Hicketier, *Le cube des couleurs,* Paris, Dessain-Tolra, 1980.
J. Itten, *L'art de la couleur,* Paris, Dessain-Tolra, 1967.
H. Kuppers, *La couleur. Origine, méthodologie, applications,* Paris, Dessain-Tolra, 1975.
P. Kowaliski, *Vision et mesure de la couleur,* Paris, Masson, 1978, et rééd. actualisée, 1990.
Anne-Marie Lambert-Farage, *La thérapie par la couleur,* Paris, La Pensée Universelle, 1982.
J.-Ph. et D. Lenclos, *Les couleurs de l'Europe,* Le Moniteur, 1996.
Dr Philippe Lanthony et Irène Tavernier, *La vision des couleurs dans les arts et industries graphiques,* FFIIG, 1989.
Dr Philippe Lanthony, *Physiologie, pathologie et écologie de la vision des couleurs,* Cérès, 1994.
Yves Le Grand, *Lumières et couleurs,* t. II de l'*Optique physiologique,* Paris, Éd. Revue Optique, 1968.
Dominique Legrand, *La couleur imprimée, mode d'emploi,* Trait d'Union Graphique, 1990.
Jacqueline Lichtenstein, *La couleur éloquente,* Flammarion, 1988.
F. Le Lionnais, Janine Jonckhère, M. Déribéré, Y. Le Grand et J. Maisonneuve, *L'éclairagisme : lumière et couleur,* Paris, Les Yeux Ouverts, 1962.
A. Lovichi et J. Weck, *Bases colorimétriques de la trichromie,* Paris, Éd. Revue Optique, 1947.
Max Lüscher, *Test couleur,* Avignon, Aubanel, 1990.
— *Le nouveau test des couleurs,* Solar, 1992.
H. Mante, *La couleur en photographie,* Paris, Dessain-Tolra, 1971.
Ellen Marx, *Les contrastes de la couleur,* Paris, Dessain-Tolra, 1973.
— *Couleur optique,* Paris, Dessain-Tolra, 1983.
Benoît Noël, *L'histoire du cinéma en couleur,* Press-com., 1995.
José M. Parramon, *Le grand livre de la couleur* (tr. de l'espagnol), Bordas, 1993.
Michel Pastoureau, *Figures et couleurs,* Léopard d'Or, 1986.
— *Couleurs, images, symboles,* Léopard d'Or, 1990.
— *Dictionnaire des couleurs de notre temps,* Paris, Bonneton, 1992.
— *Traité d'héraldique,* Paris, Picart, 1993.
— *Rayures,* Seuil, 1995.
Henri Pfeiffer, *Harmonie des couleurs,* nouv. éd. auto-éditée, Maisons-Laffite, 1984.
Dr Pollack, *Atlas pour la recherche des anomalies du sens chromatique,* Paris, Girard, Barrère & Thomas, 1959.
F. Portal, *Des couleurs symboliques,* nouv. éd., Paris, Nicklauss.
Christian Richardière, *Harmonie des couleurs,* Paris, Dessain-Tolra, 1988.

Rood, *Traité scientifique des couleurs,* Paris, Germer, Baillière & Cie, 1881.

M. A. Rosenstiehl, *Traité de la couleur,* 2ᵉ éd., Paris, Dunod, 1934.

René-Lucien Rousseau, *Les couleurs symboles,* Paris, Flammarion, 1959.

— *Le langage des couleurs,* Saint-Jean-de-Braye, Danglès, 1980.

P. O. Runge, *Peintures et écrits. La sphère des couleurs,* Paris, Klincksieck, 1991.

Ian Scott, *Le test des couleurs de Lüscher,* Avignon, Aubanel, 1974.

Robert Sève, *Physique de la couleur, de l'apparence colorée à la technique de la colorimétrie,* Masson, 1996.

Richard Westfall, *Newton* (tr. de l'américain), Flammarion, 1994.

Annie Wilson et Lilo Bek, *Les couleurs, le corps et l'esprit,* L'Original, 1986.

Betty Wood, *L'influence de la couleur,* Le Jour, 1987.

Moritz Zwimpfer, *Couleur, optique et perception,* Paris, Dessain-Tolra, 1992.

Certains de ces ouvrages sont des traductions ; la littérature en anglais et en allemand est prolixe sur le sujet ; il conviendra de joindre à ces ouvrages les comptes rendus des Congrès de l'Association internationale de la Couleur (AIC) qui se tiennent tous les quatre ans, ainsi que les normes et recommandations de la Commission internationale de l'Éclairage (CIE) ; par ailleurs la revue *Couleurs* du Centre d'Information de la Couleur (de 1950 à 1980), suivie de trois numéros de *Psychologie Couleur,* et maintenant d'un simple bulletin d'information réservé à ses adhérents ; le Centre français de la Couleur a publié aussi un bulletin mais les grandes revues de la couleur sont en anglais : *Color,* et en allemand : *Die Farbe.*

Sur le plan des Arts graphiques et des reproductions imprimées se sont tenus en 1988-1991 et 1993 trois séminaires organisés par la Fédération française des Imprimeurs et Industries graphiques, sous le titre « Colorix », dont les dossiers constituent une solide documentation professionnelle sur le sujet.

Sur le plan Santé et Chromothérapie, outre les ouvrages ci-dessus cités, notons le bulletin *Phosphoros* de l'Association Photothérapie, Dʳ Sender, Centre d'Hémobiologie Périnatale de Paris, et le bulletin CEREC du Centre d'études et de recherches sur l'énergétique et la couleur, Dʳ Agrapart, qui publie notes et exposés des Rencontres de la Couleur, qui se tiennent régulièrement au Meditel Club de Paris.

Aux Éditions Diapofilm : plusieurs séries de diapositives pédagogiques avec livret explicatif sont proposées pour l'Enseignement de la Couleur.

Également pour l'enseignement, le CREA, Centre de ressources et études de l'Université de Rennes II, publie une série de vidéos sur le thème Couleur.

TABLE DES MATIÈRES

Imprimé en France
par MD Impressions
73, avenue Ronsard, 41100 Vendôme
Février 2008 — N° 54 330